踏遍雁山瓯水

袁波　于春　陈斌　等编著

前言

20世纪50年代，有一首《勘探队之歌》曾唱遍大江南北，鼓舞了无数热血青年投身祖国的地质找矿事业之中。今天，它依然嘹亮，依然激励着新时代地勘人，用闪光青春和无悔誓言，默默诠释地质"三光荣"精神，砥砺前行，创业创新。

在创建全国首个新时代"两个健康"先行区的温州，活跃着这样一支朴素的队伍。他们继承温州人"敢为天下先"的守业创新精神，奔走在雁山瓯水间，叩问岩石，遥测疆域，探查资源；他们跋山涉水，披荆斩棘，风餐露宿；他们是雁山的云，是瓯水的浪，努力探寻地质梦，不忘初心闯天涯：他们就是浙江省第十一地质大队。

浙江省第十一地质大队组建于1978年3月，前身为温州地质大队，系浙江省地质勘查局管理的省属公益一类综合性地质勘查事业单位，具有40多年的光辉历史和优良传统，曾为解决浙江省矿产资源短缺做出过重大贡献。在新时代，他们主要为地方政府相关部门积极提供资源勘查、地质灾害防治、农业地质、海洋地质、城市地质、旅游地质、生态地质等大地质技术支撑服务，为地方社会经济发展持续贡献力量。

为了让世人更加清晰地了解地质队，了解地质工作，该队收集编著了这本《踏遍雁山瓯水》，打开一扇窗，让大家能够全面了解真实的地质人。

《踏遍雁山瓯水》记录了该队40多年来几代地质人在雁山瓯水留下的探宝足迹和洒下的辛勤汗水，也从另一个侧面展示了该队成长与发展的轨迹以及职工的工作、生活风采与精神风貌,真实地展现了为社会服务的能力、贡献与价值。

本书由吴义、袁波、傅正园、于春、池朝敏等策划,袁波、于春、陈斌、傅正园等收集整理。该书分为五篇。第一篇:用双脚丈量大地;第二篇:不爱繁花爱地质;第三篇:山水之间风景美;第四篇:地质文化魅力足;第五篇:新疆戈壁地质行,共收录了72篇文章,40多位作者的作品。文章均为该队职工工作、生活有感而发,既有工作写实,也有野外美景鉴赏。虽然作者们并不是作家,连文学爱好者可能都算不上,但都是用真情书写内心,以独特的视角展现出大自然的魅力,以及地质人的情怀。

"是那山谷的风,吹动了我们的红旗……我们有火焰般的热情,战胜了一切疲劳和寒冷……"《勘探队之歌》将继续鼓舞着新时代的地质人,筑梦再起航!

编著者

2019 年 10 月

第一篇　用双脚丈量大地

我必将倾尽所能,勇攀地质高峰 ················ 林道秀(5)
见证奇迹时刻 ······································ 于　春(8)
雨中填图记 ·· 王长江(10)
野外的一天 ·· 王长江(13)
我走进了浙西矿区 ································ 祝金红(15)
感悟峰山 ··· 刘　健(17)
地质人的一天 ······································ 于　春(20)
新环境新体会 ······································ 叶文荣(23)
做山野间的一抹亮色 ····························· 曾　丽(25)
冬至迎甘霖 ·· 周文忠(27)
为了收获 ··· 张明阳(29)
点滴温情暖人心 ··································· 祝金红(31)
收获"填图"的喜悦 ······························ 王云志(34)
用坚忍抚摸大地 ··································· 朱长进(36)
"闻风而动",这一场突击考试! ·············· 朱长进(40)

第二篇　不爱繁花爱地质

会昌河·地质桥——写在改革开放30年 ······ 吴跃民(49)
人生有时不需要答案 ····························· 李伊琳(53)
在会昌河畔漫步 ··································· 于　春(57)
一名老地质队员的赏石情怀 ···················· 董旭明(60)
舌尖上的地质队 ··································· 林　莉(63)
属于他们的一片秋色 ····························· 林　莉(65)
争做时代的"补匠" ······························ 江　伟(67)

做一名有责任担当的地质人	叶建亭(70)
我与地质结缘	袁　静(73)
有一种微笑,最动容	朱长进(76)
五月花赞	王晓旭(78)
过往的三年,让我的地质梦更坚定	王福平(82)
抬头就是蔚蓝的天空	仓　飞(84)

第三篇　山水之间风景美

矾都之行	于　春(91)
雨后,松阳踏春随笔	金纬纬(95)
夏末的平潭岛	陈丽丽(98)
鼓浪屿上的历史印迹	王长江(100)
神仙居的感受	朱长进(103)
阳春三月踏青来	江　伟(105)
井冈山之行	陈　惠(107)
新马泰游记	熊琳璞(109)
仙女的羽衣	董　艳(113)
冬游雁荡山	于　春(115)
泰顺之旅	董　艳(117)
旅行的意义	金纬纬(120)
小舟山的田园风光	于　春(122)
我和遂昌有个约会	任蓓蓓(125)
重庆印象记	池朝敏(129)

第四篇　地质文化魅力足

山如北斗,城似锁——以温州为例解析古代城市地质调查方法的科学价值	傅正园(137)
世界矾都古韵悠存	秦海燕(146)
生活巨变三十年	侯传初(160)

地质队员的公益情怀 …………………………………… 周闽敏(167)
了不起的坚持 ………………………………………… 林　莉(170)
爱 ……………………………………………………… 董　艳(172)
别了,三年 …………………………………………… 池朝敏(175)
"寒武纪"整装待发 …………………………………… 侯甫雄(176)
八强之路 ……………………………… 陈　惠　朱长进(178)
绿茵场上的男儿本色 ………………………………… 董　艳(180)
写在中年的边缘 ……………………………………… 池朝敏(182)
身边最美的风景 ……………………………………… 潘锦勃(183)
且爱且大爱 …………………………………………… 陈　斌(185)
母亲!我深爱的母亲! ……………………………… 梁建华(189)
父亲的地图 …………………………………………… 董旭明(191)
父　亲 ………………………………………………… 江　伟(194)
扁　担 ………………………………………………… 侯传初(198)

第五篇　新疆戈壁地质行

我与熊的亲密接触 …………………………………… 于　春(207)
赴疆五日行记 ………………………………………… 陈　惠(209)
巴音布鲁克草原 ……………………………………… 王长江(211)
戈壁滩上的那抹鲜红 ………………………………… 陈　斌(214)
噶拉科尔的艰辛与美丽 ……………………………… 迟宝泉(217)
那片金黄色的胡杨 …………………………………… 白更亮(220)
花开不败 ……………………………………………… 高润森(222)
夜　探 ………………………………………………… 于　春(224)
初入新疆 ……………………………………………… 侯甫雄(226)
野外惊魂 ……………………………………………… 于　春(228)
惊魂一夜 ……………………………………………… 朱长进(231)
在巴音塔拉的日子 …………………………………… 于富国(234)

第一篇
用双脚丈量大地

借着野外工作小憩,地质队员正在初步汇总找矿线索

▸ 在深山丛林间，地质队员正在开展野外勘查作业

▸ 1:5万永嘉碧莲测区两个填图组野外作业共同线路

▲ 在新疆若羌县卡尔恰尔矿区,地质队员正在地质填图

▲ 作为温州市地质灾害防治"三年行动"的主要技术支撑力量,地质队员正在巡查地质灾害隐患点

我必将倾尽所能,勇攀地质高峰

·林道秀·

春去秋又来,花开花又落,从泛黄的枝叶褪变到郁郁葱葱的枝头,在这季节的更替中,时间又走过了一年……

时光回到2013年,本科毕业已有一个月的我,由于各种原因仍未解决个人工作问题,为此家人颇有微词,再加上已工作的同学纷纷诉说自己工作的经历,更让我倍感压力。于是,便开始留意用人单位的相关招聘信息,可以说是"海量"地投递简历,而意向单位就遍布全国各地。在焦急等待一个星期后,一个陌生电话从浙江温州打过来:"是林道秀吗?你的简历我们看过了,总体情况还可以,不知道你现在签单位了没?"一个似严厉却又亲近温和的声音传来,让我颇感意外,内心实则激动不已。后来从劳动人事科科长叶汝姣口中得知,那个亲近温和的声音来自11队第一矿产地质勘查院院长董旭明。借此,我想再次感谢单位各位领导的知遇之恩。

入队教育在即,我便匆忙打包好衣物,马不停蹄地赶往温州。还记得到地质住宅区的时候已近晚上7点,天气炎热,但劳动人事科副科长李晓社却仍在为我忙前忙后,安排住宿并带着我购买生活用品。临分别时,他还特别嘱咐次日体检时的各类注意事项。这对于"新人"的我真是受宠若惊,甚是感谢!

工作的前三个月,我基本是在编录钻孔,有时候也编录探槽。个

作者简介:林道秀,男,合肥工业大学资源勘查工程专业,就职于浙江省第十一地质大队。

别同行对钻孔的编录常常不屑,认为那是最没"技术含量"的地质工作,可这简单的活儿,想做好却很不简单。经过王磊、缪仁谷两位老师的细心指点,再加上自己查找专业资料,我逐渐能够较为准确地辨认各类凝灰岩、构造破碎带、蚀变带以及银矿石氧化物。日子一天一天地过去,自己也随着项目的进展逐步掌握了基本的专业技能。

  去年十月份,经过台风的"洗礼",天气渐渐转凉,项目组回到室内编写下一年度补充设计。我主要负责绘制整理一部分所需要的图件。由于缺乏经验,图件在反复修改中已到了最后提交日期,但大部分图件仍未打印出图,老师王磊便安排我通宵打印,而他也一起通宵陪着。那时的我一边埋怨打印机出图的效率,一边感激老师对我这个新人的照顾。经过项目组的齐心协力,最终圆满完成任务。但这件事给了我一个深刻的教训,在今后的工作中,既要追求质量,也要平衡效率,两者缺一不可。

  深秋时节,正值野外工作的好季节。矿区里,那边钻机轰隆隆地使着劲,这边挥锄入土开挖槽子,马不停蹄地采样,各种找矿手段齐头并进。就在这轰隆声中,ZK2201(钻孔编号)传来了捷报,先是零零星星的铅锌矿化,再到矿化石英条带,最后变成浸染状银铅锌矿层,野外观测"够矿"矿层三层,实际分析达七层之多。一时间,外岗项目部似乎"火"了起来。作为项目组一员的我更是高兴,自己编录的第二个钻孔便钻出多层似雁列式的矿层来,作为新人初尝"找到矿"的甜头。矿层的发现是项目组共同辛勤付出所获得的劳动成果,是回报更是挑战。同时,也激励我们不能满足于现状,必须继续发扬地质"三光荣"精神,为"找大矿""找富矿"而不懈奋斗。

  年底是最忙的时候,大队总工办也开始进行各项目的年度工作大检查,这也就意味着,接下来的时间要开展野外各项工作资料的整理归档工作。因为各项资料未能及时在野外工作结束后进行整理,留了较多的"尾巴",整理起来便耗费了较多时间,虽然靠着几经加班整理得以弥补,但结果还是有不尽人意之处。事后,在项目组召开例会时,大伙都作了自我总结和反省。

一年之计在于春。三四月份的江南,总是细雨绵绵,对于文人墨客来说,这是个充满诗情画意的季节,但对于地质工作者来说,却是无比痛苦。但是,工作就是工作。就在这淅淅沥沥的雨天中,项目组完成了1∶2000地质草测,取得了较好的找矿效果,甚是欢喜。

秋天,是收获的金色季节。我就如同这万物中的一物,同样也在不断地"生长",努力汲取地质行业丰富的养分,努力成长为一名能够独当一面的优秀地质工作者。

"路漫漫其修远兮",我必将倾尽所能,勇攀地质高峰!

(2014年10月)

见证奇迹时刻

·于 春·

冬日的气温变化太快,太阳刚落下,热量似被黑夜吞噬,一下子变冷了起来。山村的人们都躲在温暖的屋内,连狗都藏在背风之处,整个世界安静极了。

远离人烟的山林之中,机器的轰鸣声响彻天际,震得大地一阵颤抖。这是地质工作者通过钻机钻入,探寻地球深处的矿产。这是一场持久战,利用水磨工夫,机器一点点深入地底深处。

地质学是一门非常严肃的学科,研究对象是地球,通过地表岩石现象,寻找地下深处的宝藏。地质工作者常年与石头打交道,与大山为伍,走过一座又一座高山,趟过了一条又一条河流,通过特有的方法和手段,解译石头密码,揭开地球的神秘面纱。他们经常披星戴月,奔走于大山之中;他们经常披荆斩棘,征服沙漠、雪原;他们从来不问荣誉,默默地奉献着……

地下钻探正是地质工作者的一项有力的手段,机器带着金刚石钻头钻入地下深处,把地下的石头取上来,让他们能够观察、分析,从而判断地下情况,最终圈定矿体形态,为国家工业运行提供新的能源。

2013年,我作为一名地质技术员,在浙东南大山深处寻找钼矿。钼矿用途广泛,主要作为冷却剂,是工业必不可少的原料。这里远离城市,绿色是这里的主要色调,高山是这里的主要景色,我们一个地质小组已经在这里坚守了五年。

这里风景如画,空气清新,唯一让人难以承受的就是想家。我们

作者简介:于春,男,贵州天柱人,地质工程师,就职于浙江省第十一地质大队,爱好文学。

远离家人,一去就是十天半个月。但是,为了寻找矿产资源,我们把思念藏在心底,一丝不苟地完成各项工作。朝阳未出,我们已经站在了山顶;暮色四合,我们还在归来的路上。这里每一寸土地都留下了我们的身影,汗水打湿了每一寸土地。

地表工作结束之后,才进入深部验证工作。我们通过地表观察岩石,圈定矿体大致形态,然后通过钻探验证,所以钻探工作是地质工作最关键的一步。

每次,钻探钻进到关键部位,我们必须日夜守护,绝对不可能错过这个时刻。我们经常在午夜时分打着手电筒,进入大山,朝着轰鸣声的方向而去。钻机打到设计见矿位置时,我们穿着厚厚的棉衣,带着"地质三宝"以及记录本,整装待发,上山等待见证奇迹的时刻。

明月悬空,为我们照亮前路;星星闪耀,为我们指引方向。我们地质小组里的四人都很年轻,年龄最大的是三十五岁的领队,年龄最小的是刚从学校毕业的新人。我们来自五湖四海,从象牙塔走出后,还没有来得及看清大都市的繁华,为了寻找地下的宝藏,在大山深处默默地奉献着青春。

随着脚步的移动,机器的轰鸣声越来越清晰。当我们真正到达机台,领队打了一个暂停的手语。钻机工人心领神会,机器似哑火一样,停了下来。钻孔已经深入零米(点)海拔以下,工人们拉动绳索,像正在哄小宝宝入睡般动作轻柔,慢慢取出深处的岩芯。

大家翘首以盼,又激动又担心,奇迹会不会被见证呢?当一条条圆柱形的岩芯被取出来后,我们赶忙围上,从地质包中拿出地质锤和放大镜,用地质锤敲开岩芯,然后用放大镜仔细查看。四人轮番看过之后,都摇摇头,矿还未见到,需要继续施工。

一次次期待,一次次失败,我们变得心坚如铁。无数次失败,无数次坚持,终于等到云开见月,敲开岩芯,全是原矿。我们像小孩子一样,高兴得跳了起来,欢呼起来,相互拥抱,喜极而泣。

地质队员必须耐得住寂寞,在大山之中孤独前行,才能让无数地下矿产露出真面目,绽放出绚丽光彩。他们不求明达,不求荣誉,因为找到丰富的矿产,就是最好的荣誉。

(2018年10月)

雨中填图记

· 王长江 ·

清晨起床，一丝风也没有，看天色可能会下雨。匆匆吃过早饭，六点半民工就过来了，中央基金项目地质填图工作快接近尾声了，槽探物探工作也陆续开展起来，时间拖不起，咬咬牙，我便和民工往山上去。

今天的填图路线很长，并且都是比较难攀爬的地段。工作起点在青隐寺瀑布的上方，整个瀑布高差约150米，需要沿矿区东部的小路绕行一大圈才能到达。

经过两个多小时的攀爬，九点多我们到达了填图的起点。悬崖处有个小平台，两米见方，虽然我们都累得满身大汗，可坐在那里，刹那间便忘了来时路上的辛劳，让人有种悬空世外飘飘欲仙的感觉。干地质就是这样，在挥汗的间隙，用汗意朦胧的双眼，模糊身边的险境，瞥一眼远方的美景，组成了点点不经意的陶醉。

这时，星星点点的水滴迎面扑来，很是清爽，不知是雾气还是雨点，我们分辨不清。向远处望去，雾蒙蒙的，矿区内的山峰大都被云雾包裹起来，严严实实，而瀑布下的青隐寺清晰可见，向下看去，景如其名，它四面环山，仅仅在西北角有一条小路从两座山底下的水沟处弯曲穿过。

今天的路线是追索贯穿整个矿区的北西—南东走向的构造裂隙

作者简介：王长江，男，湖北阳新人，浙江省第十一地质大队高级工程师，从事地质技术与管理工作。

密集带,我们沿着水沟一路向南,向上攀爬,慢慢地,雨真的下了起来。我们先把GPS、手机、图纸等易湿物品用塑料样品袋包起来,放入地质包的最里层,然后每人砍一条树枝当拐杖,既可防滑,也可打去树枝上的水滴。我们时常戴着的草帽,防雨防晒,但却无法阻止野外记录本被淋湿,于是每到要记录的时候,就习惯性地弓着腰,让上半身遮住笔记本,以记录保存当天珍贵的观察资料。但弓腰在图上展点难度就大了,附近有山洞或陡坎的地方还好点,可以临时躲一躲,而大多数时候都是在丛林里,为了防止雨水淋湿图纸,只有和民工一起,用衣服和草帽撑起一顶小"帐篷",迅速掏出量角器,以最快的速度,完成展点任务。

尽管雨下得不是很大,衣服和鞋子还是都湿透了,深一步浅一步地走着,鞋里的水呼呼作响。登山鞋可以有效地防滑、防蛇虫、防尖刺等,却难以防止雨水从裤腿贯入其中,而充满雨水的鞋子,也变得大了似的,脚在其中来回打滑,并且随着地形坡度的变化而无情地变化着节奏和方向……

中午就着矿泉水和雨水吃过两个馒头,我们继续前进。由于下雨的缘故,树叶和草上都是水滴,我一路跟在民工后面,看着他深一脚浅一脚地蹬着,为了开路,每一刀砍下去时,树叶、荆棘枝上的水滴大都浇在了他的头上和身上。我自己感觉全身淋湿时,他身上已经如水捞一般了。

这时,我们看到前面一条小溪,于是脱下衣服,拧干,顾不得石头也是湿的,就把衣服放在上面。正准备用小溪的清水洗一把被汗和雨冲刷了的脸庞时,突然发现溪边的草在动,敏感的神经一下子紧张起来。随着民工一声喊:"小王,别动!"一条菜花蛇已被他用棍子高高挑起,然后又远远地甩了出去。这时的我,自愧没有他眼尖手快……

下午三点,终于到达了路线的终点,心里也松了一口气,此时雨点打在身上,我们已经浑然不觉了。扔掉手中的棍子,走在回家的路上,感觉一身轻松!请来的民工是一位大伯,他说:"小王,你今天很辛苦哟。"我看着他全身湿透,脖子上还粘着不少草渣,仍露出憨厚的笑容,不由感动地说:"您更辛苦,今天真是让您受累了!"

是的,他更辛苦!每当我们爬陡坎时,都是他砍掉挡路的枝条,先爬上去,然后给我伸下棍子,再拉我一跃而上。有一次,他怕雨湿后的棍子打滑,把棍子头大的一边给了我,由于我力量使大了,竟然把他拉了下来。好险啊!陡坎上可全是他砍留的尖刺。但他好像什么都没发生过,继续乐呵呵地砍路。而每当我受到一点小磕碰时,他总是关切地问我疼不疼。我时常想,地质队员为什么总有一股像瀑布一样的豁达,"飞流直下三千尺",是大山给的吗?现在我明白了,是大山给的!也是大山里的这些大伯们给的!

(2012年5月)

野外的一天

• 王长江 •

大山是地质工作者的战场,我目前工作的温州市文成县西坑镇山头萤石矿区同样地处偏僻的山里。山里人习惯于闻鸡鸣而起。清晨六点,在简单吃过早饭后,我就带着一位村民上山,开始了一天的野外作业。

虽然现在已值夏季,可早晨的雾气还是很重,出门一眼望去,云山雾绕,犹如仙境。我们沿着弯弯曲曲的山间小路前行,两旁都是青青的小草,露水很大,不到一刻钟膝盖以下的裤子便沾上了湿气,刚开始还感觉凉丝丝的,到后来就慢慢有些湿漉漉、黏糊糊,很不舒服。不多时,雾气由浓及淡,渐渐散去,烈日很快当头照下,真正的煎熬开始了。

在这个季节里,野外作业的一个很大危险就是蛇,每每碰到,不管有毒无毒,都会心惊胆战一番。竹叶青、五步蛇、金环蛇……想想名字都有点踌躇不前,不过工作是不能耽搁的。多年下来,我们也积累了一些经验,一方面带上蛇药,一方面请有经验的村民在前面引路,他们很多人都是捕蛇能手。每每在丛林深处,我们一边走一边拿着棍子"打草惊蛇",样子看着多少有点像当年小鬼子进村排查地雷阵的架势。

在南方炎热的夏天,中午十二点到一点这段时间是最难熬的,因为跑了很长时间的路,有些疲倦,这时身处荆棘丛中,茅草的残屑呛痛

作者简介:王长江,男,湖北阳新人,浙江省第十一地质大队高级工程师,从事地质技术与管理工作。

喉咙,强烈的阳光直射头顶,火辣辣的。此时就只能找个树荫稍作休息,吃些自带干粮,一般是些干冷的面包和袋装的鸡翅之类,偶尔也带些水果。条件有限,只能这样填饱肚子了。

我负责的山头矿区为非金属萤石矿,野外地质工作是填图、采样、槽探、钻探等。简单地说,就是把地表覆盖层之下的信息反映到图纸上。为此我们地质工作者几乎"不择手段",靠着我们的双腿、双手,靠着我们的锤子、罗盘、放大镜,一幅幅地质图、一条条剖面线在我们的笔下清晰流畅地绘出,那种感觉,难以言表。

日落西山,紧张而又劳累的工作结束了。一日三餐中唯一像样的饭菜是晚饭,是花钱请村民烧的,扒拉完后稍事休息,我便把背包里的标本拿出来放好,整理清楚图件和记录本,写写小结,总结心得体会,进一步加深对矿区的理解与认识。如此久而久之,矿区地质的整体轮廓就会在头脑中隐隐浮现。

房间很简陋,没有帘子,关灯躺在床上,月光透过窗台,直直地泼在地面上,亮白亮白的;外面稻田里的青蛙一波一波地叫着,像是在开音乐会,我也伴随着这美妙的催眠曲进入梦乡,忙碌而充实的一天就这样过去。

如此平凡而又平静的一天,只是我们地质工作者的普通一日,体力、脑力、艰辛、勤奋,正是这种特殊的工作,成就了这种特殊的事业。

我喜欢这种状态!

(2011年7月)

我走进了浙西矿区

· 祝金红 ·

我是从 2011 年 10 月 17 日调到第一矿产地质勘查院的。作为驾驶员,负责淳安-开化县的三个矿区用车。过来没几天,我就和技术人员一道奔赴浙西地区,连续数月驻扎矿区开展工作。和他们同吃同住两个多月,技术人员的艰辛常让我感动。

浙西山区冬天的气候特别寒冷,常在零度以下,有时睡到半夜身上还是冷的,没有卫生间,晚上上厕所是件相当麻烦的事。也没有电视可看,有些地方手机信号也没有。晚上六点以后,村里看不到一个人,生活上的单调、寂寞可想而知。可即使在这样艰苦的条件下,我队技术人员仍长期坚守岗位,甘之若饴,还与当地老百姓建立了深厚的感情。

在开化县塘坞乡满田村,我和付小龙住在一家姓余的老大娘家。余大娘的子女都在外面打工,只有一个十一岁的孙女跟随身边。老人心地善良,不仅给我们做饭,还帮我们洗衣服。冬天天冷,她还亲自动手,一针一线地缝制棉鞋给我们穿。可她们吃饭从不上桌,而且经常吃我们剩下的菜。我看了心里很难受,就对她们说,这是你的家,你们不在桌上吃,我们也吃不好。无奈之下,我就把每个人吃饭的位子定下来,过了一段时间,她们才慢慢习惯了和我们一起坐在桌子边吃饭。

同事王长江所在的上玉泉儿童坞矿区,驻地的村子里只有几户人

作者简介:祝金红,男,浙江衢州人,浙江省第十一地质大队职工。

家,老人和小孩加起来才十几人。房东是一个年近花甲的老太太,儿女都在外面打工。长江白天在山上跑路线,到了晚上,山区的天气特别冷,村子里又冷清,手机又没有信号,我和他唯一能干的就是一起烤着火看看电脑。记得有一次,我开车送长江到矿区,老太太知道我们晚上要回来,早早地就站在村头等我们,透过车窗我们隐约看到了老人家,好不感动!

葛鸿志所在的官升坎矿区最远,位于淳安县西部梓桐镇,海拔600多米。山上只有七八户人家,住的是七十年代的老房子,四面透风,晚上躺在床上,无法入睡。后来我和葛工到梓桐镇买了一块塑料布,用铁钉把四面透风的墙壁封起来,才感觉像个房间。没有卫生间,冬天晚上起来上厕所要跑到外面楼下,冷得直哆嗦。

浙西和我们浙东南的饮食习惯也大不相同。我们和当地群众生活在一起,得尊重他们的习惯。他们胃口偏重,喜欢吃咸的辣的东西,而且经常把剩菜一顿又一顿地加热吃,直到吃完。所有的困难我们都一一克服了,在大家的心里只有一个念头:只要能为队上找大矿找好矿,这些都不算什么。作为一名驾驶员,我将这些琐事如实记录下来,因为技术人员的执着与坚守常感动并激励着我。

(2012年1月)

感悟峰山

· 刘　健 ·

　　峰山，位于永嘉县与青田县的交界处，是连接相邻两县的一系列山脉。"峰山"二字，倒过来念，便是"山峰"。没错，地如其名，这里崇山峻岭，重峦叠嶂。自然界毫不吝啬地将这里开辟出无数悬崖峭壁，深沟险壑，气势蔚为壮观。山区海拔最高有1000余米，进出山里的唯一通道便是蜿蜒缠绕在群山崖壁之上的盘山公路。随着海拔的不断上升，景象也越发壮观与惊险。站在山顶往下看，脚下群峰交叠，云雾缭绕，仿佛站在云端，身处天堂。

　　山，总是和水分不开的。如果说这里的山让人心驰神往，那么这里的水更是让人沉迷陶醉。大自然的鬼斧神工，在群山之中造就了无数大大小小的沟谷，清凉的山泉便沿着这些沟谷顺势而下，形成瀑布万千，宛如一条条白练悬于群山之间，在山麓又汇聚成较大的溪流。永嘉县的楠溪江，江水清澈见底，令人神往，到过的人都会被江水深深吸引而流连忘返。其实楠溪江的水有一部分便是来自这里。

　　置身山水之间，没有喧嚣，没有纷扰，有的是"清泉石上流，鸟鸣山更幽"！遗憾的是，如此壮观秀丽的山水，对于我们地质工作者来说，自然是无福消受了。毕竟，地质工作者不是观光客。

　　我们的驻地是青田县的一个林场，即青田县峰山林场公益林管理站。这里除了一条进出的山路外，可谓四面环山，如同一个小盆地，抬头只能看见不大的一片天，眼光再高远的人，在这里也会变得"目光短浅"。由于这里前不着村后不着店，要想从这里出去，如果没有专车的话，只能依靠"11路"了。

地质工作者总是与山为邻，与树为伴。我们每天的工作便是围绕着眼前的这一座座大山，用双脚丈量着这里的每一寸土地，用榔头敲击着这里的每一块岩石。由于工作区属于林场范围内，森林茂密，仅有的几条山路也基本上被植被覆盖，给我们的工作带来极大的不便。山区经常有人捕猎，因此我们工作的时候要随时注意猎人的陷阱和捕兽器。

无限风光在险峰。拜壮观秀丽的风景所赐，这里的山体切割厉害，山坡极其陡峭，甚至有许多直立型的绝壁，爬山的时候极易摔倒，我们的身体不知道与大山有过多少次亲密接触了。最可怕的还是山区的毒虫和毒蛇，尤其是夏天，虫蛇多如牛毛，让人毛骨悚然，不寒而栗。虫子基本上都叫不上名字，因为没见过。毒蛇有颜色鲜艳的竹叶青，有所谓的五步蛇、银环蛇、眼镜王蛇，等等。于是，我们每天的工作便多了一个程序——祈祷，祈祷千万不要碰到这些不速之客。

驻地没有通讯信号，我们刚来的时候，首要任务之一便是寻找信号。经过地毯式搜索，终于在几百米开外的一处小山腰上找到了微弱的信号，勉强能通话。滑稽的是，打电话的时候，必须"站如松，坐如钟"，不然的话，顽皮的信号可就不伺候了。这个信号区正好在一座小土地庙周围，地方不大，十余平方米。同事打趣道，一定是这座小庙里供奉的神仙把信号给引来了，我们最好每天都来参拜。于是，这个小地方便成了我们每天晚饭之后必到的"电话亭"，这座小庙也成了我们的"信号神殿"。"走，去电话亭！"是我们经常挂在嘴边的一句话。然而，鉴于每次打电话时，对方忍无可忍、几近崩溃、愤而挂断，无奈，只能舍近求远，去较远处的一处防火带上打电话了。同事经常开玩笑说，我们这里还真应了那句话："交通基本靠走，通讯基本靠吼"。

我们的驻地海拔900余米，高山处雷电较频繁。有一次，闪电把林场的变压器给劈坏了，整整停电三天。同事戏言，一场雷电，把我们送到了解放前。没有信号又没电的日子，确实难熬。白天倒无所谓，在野外工作，手机关机储备电量，晚上就没辙了，到处都是漆黑一片，跟老硐差不多,伸手不见五指。无奈,一到天黑,我们只有躺在床上,召开"卧谈会",重温昔日大学时光。从天文到地理,从古代到当代,从秦始皇到奥巴马,无所不包,无所不聊,就这样聊了三个晚上。正当我们讨论第四天晚上的"议题"的时候,变压器修好了,总算让我们再次回到了现代文明社会。

野外的生活比较单调和乏味,白天爬山,晚上整理资料,循环往复,周而复始。收音机成了我们掌握外界信息的唯一媒介。欣慰的是,大山里空气清新,民风淳朴。我们在这里待了半年多,一切都变得那么熟悉,这里俨然成了我们的第二故乡。

感悟峰山,感受地质工作的清苦与孤寂,这种滋味只有我们自己能够体会。当然,也许正是这种清苦与孤寂,让我们有了一个更加宁静的氛围,在这个氛围里,我们能够更清醒地去思考,更清晰地去认识眼前的这个世界,也更清晰地看清自己的人生之路!

(2011 年 11 月)

地质人的一天

·于 春·

为了取得最新的地质资料,2017年4月13日,矿二院组织技术人员在浙江省青田县石平川钼矿乌岩尖矿段外围开展地质找矿工作,深入矿井深处,进行实地调查,取得了第一手地质资料。地质人员在地下度过了充实的一天。

这里像一个地下的王国。一群群矿工把坚硬的石头敲破,开辟出宽广的空间。一条条坑道像蜘蛛网一样,在地下延伸,追寻着矿体的走向和倾向。纵横交错的铁轨,像一条条血管,保证了矿石的运输;一盏盏电灯,指引着矿工前进的方向。

8:00,地质人员整装待发,匆匆吃完早饭后,再次检查携带的工具情况,地质锤、罗盘、放大镜、图纸、铅笔、皮尺、卷尺、安全帽、电筒、胶鞋等是否带齐,当然不能忘记带上中午的干粮,一大杯水和一大块面包。工作区域路途遥远,中午不可能返回,只能简单对付,这对地质人员来说是家常便饭。

8:40,从石平川基地驱车到达黄垟村乌岩尖矿洞入口处,与矿山人员交流后,了解清楚矿洞内的施工时间和施工区域,由于坑道内正在放炮,需要等待烟雾散去才能下井。

10:40,开始下矿井。在机器的轰鸣声中,从地表坐罐笼垂直降下230米,相当于4个17楼的高度,从地表阳光满满的世界,突然进入伸

作者简介:于春,男,贵州天柱人,地质工程师,就职于浙江省第十一地质大队,爱好文学。

手不见五指的空间中,让人恍若隔世。然后沿平巷前进500米,再次经过了一个200米斜井和300米斜井,到达地下标高200米区域,从地表600米标高到达200米标高,共400米垂直距离。我们已经深入地下深处,与世隔绝。

11:40,我们已经到达掌子面施工区域,在我们下来之前,矿工早已经到达,正热火朝天地利用风钻施工炮眼,在矿山总工的要求下,他们暂时停下作业。昏暗的灯光下,两名矿工脸色苍白,满面灰尘,像几天几夜没有洗澡一样。地质人员拿出地质锤,仔细观察掌子面情况,对地质情况进行分析,最后进行记录。

12:00,中饭时间,大家从背包中拿出各自的午餐,随意席地而坐,大口大口地吃起来了。大家相互分享自己的午餐,一根火腿,一包榨菜。大家肚子实在太饿了,对于任何食物,都能吃得下。我们经常开玩笑,等回去了一定要吃一头牛。

12:40,地质人员对新施工的坑道进行编录,先让矿工用水冲洗一下洞壁,然后拉皮尺,用钢卷尺量完洞的实际高度和宽度,然后仔细认真地研究地质情况,一一记录在记录本上。

14:40,地质编录完成后,在剖面上连接对比,分析矿体分布情况,与矿山技术人员讨论和分析,矿体延伸情况、倾向方向,所赋存的位置,为下一步工作提出建议,指导下一步施工。

15:40,资料分析完后,再次与实地对应完,准备返回。虽然都说上山容易,下山难,但是对于已经工作一天,浑身疲惫的我们,需要从地下走回到地上,难度不小,充分诠释了"一步一个脚印"。我们一点一点往上爬,在双脚发软、汗流浃背时,终于走到了罐笼之下。

16:40,由于罐笼正好赶上维修,我们只能等待。在罐笼下专门开辟的休息室,安装了有线电话,我们守着电话,焦急地等待着。在阴暗的环境里,仿佛心都变冷了起来,再加上肚子饿了,我们恨不得马上离开这里。

17:40,由于罐笼维修难度较大,在各种方法都试了后,还是维修不好，需要拿到修理厂维修。我们想要回到地表，只能从罐笼的应急通道爬出去。这是一条直上直下的通道，4米一个铁楼梯，螺旋上升，总共60个铁楼梯。为了再次看到光明，我们只能咬着牙一步步向上攀爬；为了给自己信心，每爬一个铁楼梯，我们就相互报数，告诉自己又征服了4米。

18:40,时间一分一秒过去，我们再次见到光明，重回人间，简单吃完饭，回到基地，扑到床上，瞬间进入了梦乡。

（2017年4月）

新环境新体会

· 叶文荣 ·

清晨,随着《蜗牛》的音乐闹铃声响起,我从睡梦中醒来。习惯性地拉开窗帘看看天气,结果窗外细雨早已打湿了路面,远处的云雾也已笼罩了山头。心想,刚送走了婉约轻柔、凄凄切切的春天,这么快就来到调皮无厘头的夏天。昨天阳光热烈,隔夜就翻脸下雨了。

看来今天的工作计划又要延后了,想起从新疆矿勘院调回矿勘一院从事野外工作已有三个多月之久,从荒凉广阔的西北转至山水秀丽的浙东南,就像从世界的一端到达另一端,脑海里不断浮现出刚入新环境时的生涩,以及在新环境中学习和适应的画面。

我一毕业就远赴新疆矿勘院参加工作,近三年的时间里已然习惯了那边的环境,由于两地各个方面都存在较大的差异,我对南方的野外工作环境和工作方法还真是心里没底。

中央基金项目组是2月29日进驻矿区的。新疆的野外大多是无人区、没信号、高海拔、住帐篷,而这里的矿区在农村乡镇,交通便利,通讯发达,风景秀丽。一下车我就对这里的野外工作乐观起来,可没想到第一天的野外工作就让我有些手足无措。穿梭于茂密的丛林,需要扒开齐腰的灌木荆棘,忍受呛人的杂草碎屑,还得担心着随时可能出现的蛇虫。严重的植被覆盖常常让我为寻找基岩露头而烦恼,树林中极差的视线和遍布的陡崖让我们经常偏离路线而耽误工作的进度。这些都是我以前没有遇到过的情形,我感觉就像刚参加工作一样的生

作者简介:叶文荣,男,浙江兰溪人,地质工程师,就职于浙江省第十一地质大队。

疏和无措。庆幸的是，我身边有经验丰富的老师傅和热情的同事，我清楚地记得在第一天野外踏勘的时候，他们就认真地指导我，告诉我南方野外工作的注意事项，在植被覆盖严重地区的工作方法，以及亲身实地传授火山岩地区的岩性岩相的辨认识别、地层的划分以及工作的规范要求，等等。有了他们的指导和帮助，我很快就适应了新环境下的工作。

地质行业野外工作的辛劳和枯燥，以及与家人长期分离的痛苦，对于我们这些刚参加工作不久的 80 后来说是一种考验。我特别钦佩老一辈地质工作者身上的那种孜孜不倦、吃苦耐劳、坚定不移，用自己的汗水和智慧为地质事业献身的精神。有一次我跟项目组的老师傅温工聊天，我问道："你们那时候条件比现在还差，这么多年，您是怎么熬过来的啊？"温工笑着对我说："我们那时候工作的劲头要比你们足多了，而且没有现在那么多的娱乐项目，也没有电脑、手机，主要还是摆好心态，你看这里的风景那么好，我们搞地质不就是免费旅游嘛。"我想想也是，我们这一辈刚好赶上了爆发的计算机网络时代，由于太依赖网络，而缺少对主体生活的感知，也慢慢丧失发现身边的美景和寻找工作乐趣的能力了。

记得清明的时候勘察一条线路，我跟往常一样，像野猪似的在荆棘丛里面"拱"，当时又闷又热，汗水就像蒸桑拿一样从身上往下淌，再加上浓密呛人的杂草碎屑，心情真是低落到极点。在这种煎熬中，一路坚持穿过植被浓密区，来到视线较开阔的半山腰休憩时，不远处一抹亮丽的鲜红让我眼前一亮，柳暗花明的感觉让我顿时忘却了一路的辛劳。带路的民工师傅说，这种红杜鹃又叫映山红，可以吃且特别甜，我摘了个花蕾一吸，酸酸甜甜的，就像一股甘泉沁人心脾，心情也舒畅多了。

参加工作三年来，有过苦，有过累，有过迷茫，也想过放弃，但我一直努力坚持到现在。我觉得有一种信念深深地吸引了我，那就是老一辈地质人在野外工作时寻找地质证据时的劲头，遇到新地质情况无法解释时的焦虑和晚上挑灯研究前人资料时的韧劲。我知道作为一名年轻的地质工作者，向他们学习的还很多！很多！！

（2012 年 6 月）

做山野间的一抹亮色

• 曾 丽 •

报到不久,我被派到泰顺前坪仔矿区。也许因为自己是女生,当我感觉居住环境有点不便的时候,负责人徐厚倜则对我说,这个矿区在我队开展的几个项目中条件是比较好的了。于是我想,从事野外地质工作,肯定会有很多的不方便,相信我一定能很快适应。

山区的天公并不作美,项目刚开始的时候,几乎每天总有些时间飘着绵绵细雨,给我们的工作、生活带来很多不便。最严重的一次是台风来了,大队要求连夜撤离驻地,我们直到凌晨才赶回单位。由于天气的问题,野外填图开展不了,于是我们合理安排时间,下矿硐进行穿脉编录。徐厚倜手把手教我如何使用罗盘测产状、打方向,如何进行岩性描述和记录等。由于矿硐通风效果不是很好,再加上硐里每天都在放炮,粉尘很严重,气味非常刺鼻。进硐子的时候,为了不拖后腿,我紧紧地跟着他们;而每当从矿硐出来的时候,后面黑乎乎一片,我更不敢走在他们后面。更危险的是矿硐有一段岩石比较破碎,硐顶漏水也很严重,很有可能掉块,这让我亲身感受到在矿硐工作的危险。

天气好转时候,我们要起得很早去填图。野外地质工作需要连续爬山,气喘吁吁到山顶,目的不是为看风景。由于在学校时使用GPS、罗盘不是很多,我对方向把握得不是很准,对岩性认识也感觉吃力。因为植被发育,岩层出露不完全,对岩层产状测量面选择难以有代表

作者简介:曾丽,女,江西抚州人,浙江省第十一地质大队,助理工程师,从事地质、矿政技术服务工作。

性。参加工作才一段时间,就让我感觉到自己基础知识还不够扎实,难以做到学以致用,理论联系实际。

程甲森老专家指导我学习野外水文地质。主要是对矿区地表水体和裂隙进行调查,并统计岩石风化层厚度和岩层的含水性。我们每天很早出门,中午休息一会儿吃干粮,下午接着干,晚上还得整理资料。为了赶进度,无论满路荆棘,还是溪沟河坎,我们所向披靡。记得有两天,上天仿佛也"垂怜"我们,想让我们休息,下起了阵阵小雨,但相对于珍贵的野外工作时间,这种"垂怜"却起了反作用,我们拖着本已疲惫的身躯,风雨无阻,将激情进行到底,以最快的速度完成任务。当我以为已经完成了矿区的水文地质工作时,程甲森老专家却告诉我,任务还多着呢,地表水体和裂隙的调查需要扩大范围,钻孔水文地质编录工作还有待完善……

这段时间的野外地质工作,让我真正体会到一名地质工作者的艰辛,这份艰辛让我明白实现找矿突破是多么的不易。也让我体会到自己的专业知识还远远不够,要不断地加强学习,让清一色的男性野外地质工作者中也活跃着亮丽的色彩,因为我坚信:小女子也能干好大地质!

(2012年10月)

冬至迎甘霖

· 周文忠 ·

入秋已两个多月,这段时间本应该既不冷亦不热,清爽宜人,正是我们野外干活的好时节。可是天公不作美,特别是有那么几天,中午时分烈日炎炎,气温高达三十摄氏度,炙热如酷暑,让人感觉胸闷难熬,连空气似乎都凝结了,没有一丝波澜。

我们泰顺县的省基金项目前期地质工作正在紧张进行,这段时间安排实测地层剖面和矿化带追索的工作。虽然大家每天一大早就起来,可是闷闷的天气还是让人不太舒服,我们忍受着干燥的空气,穿过锐利的荆棘和茅草丛,翻山越岭,追索矿化带的走向和延伸,讨厌的蚊虫在大树的庇护下肆意起舞。刚从温暖舒适的校园象牙塔走出来的我,哪受过这种罪啊!炫目的阳光,滚烫的野外服,略显沉重的地质锤和地质包,双手不时地被茅草划出一道道口子,最让人不能忍受的还是那些讨厌的蚊子时刻粘着你,对你的血液穷追不舍。

将近两个月的烈日高温快把大山榨干了,我们所住的大山里有个很大的蓄水池,现在也面临断水之忧。村庄三天前就开始限时供水,晚上拖着疲惫的身躯,满身的汗臭,鸟窝般的头发,邋遢得一塌糊涂!用存水洗了脸,一下子清爽了许多。美美地吃了晚饭,突然感觉阿姨的手艺真好,以前怎么没发现呢!山里,早晚温差大,来水了,但是水流量太小,煤气热水器用不了,又没有勇气洗冷水澡。只好拜托阿姨

作者简介:周文忠,男,江西抚州人,地质工程师,就职于浙江省第十一地质大队。

烧了盆热水，草草地擦了擦身子，缓解下汗腻和瘙痒，顿觉能美美地洗个热水澡真是美妙的奢望！

　　临近冬至，一切工作都有序地进行着，紧张的野外工作，让我们忘却了时间，不知不觉四点多了，天色也暗了下来，阳光也不是很烈，但是很闷。这时我们离山脊就差几十米了，到达山脊就完成了今天的目标。大家已经很疲惫了，沉重的样品，昏暗的视野，不过眼看目标就在前方，顿时都松了口气。等我们爬到山脊上，看着四面的风景，感受大自然的美妙之时，突然下雨了，像春日的丝丝细雨，悄然无声！我们顺着山脊慢慢下坡回家，期间微风徐来，我不禁打了个寒颤。一时间已经不是牛毛细雨了，雨势加大，淅淅沥沥下了起来，那冰凉是如此地有质感和刺激。它把我心中积累的抑郁和烦闷都一扫而光，整个人顿觉清爽飘然。脱下帽子，沉浸在那清明通透的感动中！

　　一场寒雨拉开了冬天的序幕，接下来这两个月，我们工作量很大，也会很累，下雨可能会给我们的工作进度造成困扰。既下雨，则喜之！幸福就是饥渴时的一杯水，痒痒时的痒痒挠，寂寞时的陪伴。幸福就是这么简单，她无处不在，围绕在你身边，只是你看不到，摸不着，只有用心体会。我现在很幸福，有同事的关爱支持，有家人朋友的理解。有付出，有收获，有心酸，有快乐。

　　这就是我所选择的，为之自豪的并为之奋斗坚守的工作。

（2012 年 11 月）

为了收获

• 张明阳 •

随着我省"751"重点找矿工程的启动,"钦杭成矿带"已成为浙江地勘系统的热点找矿区域,而我负责的银坞里矿区即位于此地,它位于浙皖交界的淳安县严家乡,与安徽歙县隔山相望。

这里地处偏僻,山高水远,素有"地无三尺平,路无三尺宽"之说,村民外出通常都是"抬头见山,低头看涧",全乡 62 个自然村落,散布在平均海拔 600 米以上的山坳里,人均耕地不足 0.2 亩(1 亩 = 666.67m^2)。山里人的主要经济来源是依靠种植山核桃和中药材山茱萸。采摘山核桃是件很危险的活,因为这里地势陡峭,核桃树高而枝脆,尽管人们处处小心,每隔几年总会有无辜的村民在采摘攀爬树枝时跌落伤残,甚至殒命。

作为地质人,这种深山正是我们的乐土,因为深远,勘查开发程度较低,来过的人相对较少,我们的找矿前景可能会相对乐观,我如是想。这个矿区的工作,我和仓飞搭档,我们不怕这里的山高陡峻,不怕工作中遇到的种种困难,我们常常会因为新发现一些矿化特征而欣喜,会因为这里美不胜收的景色而陶醉。但对我们来说,最避之不及的要数一种俗名叫草爬子的虫子了,它学名叫蜱,在夏秋时节常常喜欢爬在灌木或者茅草的叶尖上,它感觉很敏锐,一旦从下面经过,就会跌落到我们的头发里或者身上,攀附在皮肤表面。不吸血时,干瘪瘦

作者简介:张明阳,男,河南信阳人,地质工程师,就职于浙江省第十一地质大队。

小如芝麻般大小；吸饱血液后，有的可达指甲盖大，甚至膨大到自己体积的几十倍。更为可恶的是，它在吸血的同时还会不断地把自己的口器和头部往人的肉里钻，在这时候发现了可千万不能往外面拔，因为这样很容易就把它拔断了，头和口器留在人体内会很有可能被传染上病毒，即使没有病毒，伤口也容易感染，一到阴雨天气就会瘙痒甚至溃烂。这时可以用清凉油在叮咬部位厚厚地涂上一层，令其麻醉，再用尖头镊子取出；取出来后，再用酒精消毒，观察身体健康，如出现发热、叮咬部位发炎破溃及红斑等症状，要及时诊断是否患上蜱传疾病。我和仓飞来矿区还没半个月的时间，就各被它叮过一次，还好热情的当地村民之前教过我们处理方法，虽然处理妥当，但我们心里还是惴惴不安了好一阵子。

  时间过得真快，从新疆到基金项目部，再到银坞里矿区，转眼间我在浙西北也待了将近半年。回想刚开始的时候，我们对这里还是知之甚少，现在已经可以给大家讲故事了。记得第一次来到这里，是白露的前两天，而当地的规矩是白露那天全村集体出动统一采摘山核桃，那时村里人人脸上洋溢的是对于收获的期盼之情！这与我们地质人期望找到矿的心情是多么相似啊，这都是对于收获的期盼。山里人一年辛勤耕耘，是为了这一季的收获，我们地质人常年在野外不顾风吹日晒、不畏蚊虫叮咬地工作着，就是在期盼着能找到大矿、找到好矿。

（2013年6月）

点滴温情暖人心

• 祝金红 •

夏天是热情似火的,充满生机活力的,但连日的高温对我们仍坚持上山找矿的同事却是很大的考验。8月初,作为党的群众路线教育实践活动的一项内容,我队浙西院院长、党支部书记叶泽富赶赴浙西两矿区开展慰问活动。

作为驾驶员,我和叶院长经常在各个矿区之间来回奔波,对地质工作的艰辛我有切身体会。银坞里矿区是我们院最偏远的矿区,也是我们浙西院党支部创先争优活动示范岗。我们到达矿区正值中午,张明阳、仓飞刚好从山上回来,看他们一身打扮,长衣长裤、高帮登山鞋、军绿色的帽子外加一个因为沾染了泥土而显得旧的地质包,这和他们平时在办公室的帅气完全判若两人。看着他们的穿着我越发觉得热了,他们说去野外为了保证安全,必须要这样穿,不然裸露的皮肤会被刺、茅草、小树枝等划伤的。此刻我才明白,为什么每次我们购买野外地质服的时候大家总是强调透气性,见他们把身上的衣服脱下来拧了一下,汗水哗哗而出,这种我一直以为只有在电视中才有的情节,却如此深刻地映入我眼帘,那一刻我感动了。

矿区的居住条件,即便是在农村长大的我,看到也觉得很简陋。等他们洗好澡,接着开始一起吃饭,都是一般乡村小菜,真是纯天然纯有机食物,大多都是田里直接摘了现做的。小伙子们说,虽然在山村里面没有过多的娱乐项目,但是休息的时候帮助村民干些农活,去看

作者简介:祝金红,男,浙江衢州人,浙江省第十一地质大队职工。

看那些留守在家的老人,和他们聊聊天,也可以弥补自己不能在父母身边陪伴的遗憾。他们很开心地说,附近的邻居都当他们是家人一样看待,经常会拿些自家种的蔬菜水果给他们吃,房东阿姨觉得他们上山那么辛苦,还经常帮他们洗衣服。都说力的作用是相互的,情感的交流也是相互的,因为我们真诚地对待帮助他人,才会换来大家对他们如此的关爱。他们这种乐观的生活态度让我受到了很大的鼓舞,试想我们还有什么理由不好好工作呢?

  到了下一站的小溪边矿区,一样的工作环境和工作氛围,大家都很自觉合理地安排作息时间,以求达到最高的工作效率。虽然葛工是院里最年长的老地质人,但是听小伙子们说,他爬山一点不输给年轻人,大家闲暇之余喜欢在一起聊聊天,吹吹牛,在欢乐的工作氛围中,仿佛也没那么难熬了。葛工说,我们现在居住的地方是原来的那个房东介绍的,那是一位很坚强乐观的老太太,儿子因为白血病过世了,媳妇改嫁了,留下一个孙女和她相依为命,老太太虽然经历了这么多不幸和磨难,但是在我们面前她是那么的恬静和淡然,大家都很尊重她,也很同情她的遭遇,时不时地去看望她,陪陪她孙女,在生活上给她一些力所能及的帮助。虽然只是一些小事,却深深地表达了我们的一份心意。我们相信,点点滴滴的小事组合在一起就有无穷的力量,这力量可以使我们奋斗的道路更加宽阔,更加光明。

  归队时,途径同事叶文荣的家乡,叶院长特地让我绕道去他家看望他父母,两位老人看到我们的到来先是很惊讶,随即取而代之的是满脸的开心,他们说没想到领导会这么用心,特地来家里看望他们。叶院长简单地了解了叶文荣的家庭情况,并告诉老人家,年轻人在外可以更加磨练他的意志,锻炼他的能力,领导和同事都会照顾他的,叫他们放心。孩子长期在外,作为父母,一年没几次可以看得见自己的孩子,有时间可以来单位走走,看看儿子工作生活的环境。临走时,两位老人家握着我们的手连声道谢,说有领导和同事如此的关心,他们很放心自己的孩子在这样的单位上班。

坐在车上我会心地笑了,原本此次出去不仅是慰问一下大家,还带着工作任务——传达队上一些重要文件,鼓励大家创先争优,将党的群众路线教育实践活动贯彻到实际生活中去,并积极进社区服务,搞好与当地群众的关系。事实上大家早已在行动,并一直坚持着,不管是不是做得最好的,我相信努力的结果终将是美好的。

车外的阳光依然这么的炽热,我心里却没有了那份燥热的情绪,淡然地面对一切困难,你付出了多少就会收获多少。努力吧,青年人!

(2013年8月)

收获"填图"的喜悦

· 王云志 ·

秋去冬临,点点淡黄缀于枝头,草木们都已开始为过冬做准备。不知不觉,告别温馨宽松的校园生活已有半年,我从一个刚走出校门的学生,正经历着成为一名真正地质工作者的角色转变,开始一段崭新的人生旅程。

刚参加工作,我就有幸被分配到浙西院的平阳县怀溪矿区,该矿区位于山门火山洼地中心地带,为双尖山破火山与南田火山穹窿的交接部位,平溪-张基北东向侵入岩带和山门-城门-双桂北西向侵入岩带在矿区附近交汇。矿区内岩性繁多、构造复杂,且蚀变很强,这对于刚参加工作的我来说,是个极大的考验。回想进入矿区头两个月的我,常常显得手足无措。

我们前期的主要工作是地质填图。夏秋之交的清晨,山上雾气浓厚,湿气很重,加上茂密的植被,没走几步,鞋子裤脚就会湿漉漉的。因为在初始填图阶段,路线一般都会很长,必须得抓紧时间。叶文荣在前打头阵,我在后头跟着,对于沿途这些名目繁多的火山岩相却完全没有概念,往往手中的岩石成分都还没来得及判读,就得赶紧采样,继续前行,更别提观察总体的地质现象了。

作为地质工作者,往往最喜欢的是大块连续出露的基岩,但在怀溪矿区这种景象并不多见。在追脉的时候,除了要认真观察寻找基岩,有时也要靠滚石露头来进行判断。这些都要求我们得有足够的预见性和耐心,不仅要时刻注意脚边的岩石,更要善于联系之前看到的地质现象。前阶段的我,不懂的地方很多,每天晚上在整理资料之余,慢慢回忆当天沿途所见，遇到不解之处就及时求问，一天天积累下来，日子虽说单调，可精神却异常充实，感到理论与实践相结合的过程是如此的令人快乐和满足。

经过半年时间的锻炼，我慢慢学会了"爬山"，收获了一些攀登的小技巧。比如在灌木覆盖严重之地，穿越灌木之前应先观察那些细小的倒刺、藤蔓、小石块，它们有可能将你缠住、绊倒。记得在对矿区老硐进行系统摸底时，坡度很陡，我们沿陡坡攀登，大腿酸疼不已，刚爬到一个硐口，正准备休息一下，左脚却一不小心踩到一颗小石子，差点就"四脚朝天"。我赶紧收脚，侧移，蹲下。这时候只听到小石子"嘭、嘭、嘭"地向下滚落，探头察看，硐口向下深不见底，原来这硐口是个"冒牌货"，只是一个矿柱，吓得我赶紧收回目光，至今回想仍心有余悸。

有所累才有所得。我掌握了跑路线时穿越法、追索法的应用技巧，对矿区内的凝灰岩、英安玢岩、流纹岩等岩性也渐渐熟悉起来，这不同于在学校时的室内观摩手标本，只是简单地对照课本学习。野外填图必须快速准确地辨认出岩性，并联系整条路线的岩性变化，分析所属层位。这才是真正的理论与实践相结合。

我逐渐认识到，地质填图是一项极其考验地质功底的工作，是一项综合性很强的工作，也是慢慢熟悉地质工作的过程，在这个过程中，需要有意识地培养自己在地质方面的感觉，通过对实践和理论方面的不断探索、学习和总结，才能成长为一名合格的填图员，一名有潜力的地质人。

（2013年12月）

用坚忍抚摸大地

・朱长进・

"今年上半年的雨水实在太多了……"

早就约好要跟我队测绘院的领导聊聊,到野外测绘区看看,了解"二调"项目的一些情况("二调"是全国第二次土地调查的简称)。不曾想却以一句"怨天"的话开始。

的确,连续三个多月的罕见的阴雨天气,让测绘院的领导很是纠结,特别是"二调"项目部的成员们。

在一般人心目中,测绘人给他们的印象就是一个晒得黑黝黝的人,拿着个架在三角架上的望远镜,东瞧瞧、西看看。对于这样的理解,我无语的同时,也反映出测绘对于天气的要求。没有好的天气,测绘野外工作是很难开展的。而"二调"项目又是我队测绘院有史以来承接到的最大项目,时间紧,任务重,要求高,工序繁,这样连续的阴雨天气对项目的进度是很有影响的。

终于等来了一个晴日。这天一大早,就接到测绘院"二调"部项目经理夏易非的电话,他今天要到瓯海去进行地形图的实地调查,邀我同去。

车子行驶的间隙,夏易非给我介绍起了"二调"项目的相关情况。第一次全国土地调查于1996年完成以后,原有的土地信息已经严重滞后,要通过新一轮的土地调查,查清城乡每一块土地的具体情况,实现土地的信息化和网络化管理,满足新形势下节约集约用地和经济社

作者简介:朱长进,男,浙江省第十一地质大队高级政工师。

会发展的需要。

"2008年温州开始实施这项工程,当年11月20日,我院与浙江省第二测绘院联合中标了瓯海标段(温州分为鹿城、龙湾、瓯海三个标段),面积约146平方千米,我院承担其中的约95平方千米的任务,占整个瓯海标段的65%。对于这个大项目,院里极其重视,专门成立了"二调"部,由副院长兼总工程师金珍林总负责,我任项目经理。院里对"二调"项目投入了大量的人力物力,外业作业小组由以前的16个增加到29个,院里三分之二的外业投入到"二调"项目;内业更是几乎全部投入到"二调"项目,同时花十几万元购买了配套软件。当初的设想是举全院之力,争取按合同要求,在2010年底前提交全部成果资料。但现在看来是不可能完成的了。26平方千米的地形图测绘工作6月底刚通过野外验收;39平方千米已测但未检查;还有30平方千米没测,只能外包给其他单位。地形图测绘完成以后,就要进行权属调查,这项工作你真不知道有多繁⋯⋯",从夏易非的神情中我就猜到他下面要说些什么,但不觉间已到了今天工作的目的地。

夏易非今天要在这一带进行地形图的调绘。一个测区控制测量完成以后,就开始地形图测绘。地形图尤其是城镇居民区密集的地形图,很多地上附着物的特征点是不能直接测量的,这就要通过直接测得的特征点来推算不能直接测得的其他特征点,这个操作过程就是地形图的调绘。目前,测绘院已基本完成测区内95平方千米的控制测量。

夏易非和小组的同事们很快进入了工作状态,一会儿拿钢卷尺量距离,一会儿又不停地在图纸上标注。初夏的晴日,虽没有盛夏的炙热,但一改昨日阴雨天气,变得湿热起来,很快他们就汗流浃背了。二调的地形图测绘工作比普通的基础测绘要求更高,测点中误差不能超过5厘米,而普通的基础测绘,测点中误差可超过20厘米。如此高要求的野外工作,要求作业人员时刻紧绷精细弦,来不得半点马虎。夏易非用铅笔在图纸上不停地记录,用尺子不停地量算。阳光照着他汗湿的脸庞,眼神中透露着坚毅和镇静。

对于测绘,我并不陌生。十多年前在珊溪水利枢纽工程项目山体测绘时,在山上避雨不及被淋成落汤鸡;在苍南灵溪进行基础测绘时,曝晒的太阳底下,几天就脱层皮;在青田山上放样时,还曾与同伴斗一条眼镜蛇的经历。我没有当"看客",尽可能地帮拉着钢尺量着一幢幢房子,不一会全身就被汗水浸透了。

中午我们在路边的饭摊上随便吃了点,休息片刻,又打开了上午的话匣子。

"权属调查繁就繁在要查清每宗土地的界址、范围、界线、用途及地上附着物的信息等等。温州房屋建筑密集,一平方千米内就有1800~2000个宗地,95平方千米内就有近20万个宗地。我院中标以后,就先派人着手整理瓯海区国土资源局历年来办土地证留下的资料,进行数据比对。数据比对不能有半点差错,两个人在互不知情的情况下输入同一宗地的信息,尔后计算机比对两个人的信息,如果通过了,说明信息正确无误;没通过,就要核查是什么原因,这又带来新的工作量。目前十几位内业人员花了一年半的时间才基本完成了这项工作。"

"数据比对也节省了很多权属调查阶段的工作量啊?"我提的问题并不业余。

"是会节省一些,但又会带来新的问题。一是已有的数据有些地方不完整,要补充权属调查;二是以前的测绘数据施测单位不一样,时间不一样,精度不一样,导致难以无缝对接,张三的房角可能会跑到李四家地里,就要重新调查,但土地证已经发了,这个问题就会很棘手。"

"如果国土局或镇(街道)里有人协助一起开展调查还好,单我们去,很多时候没人理睬;有些水厂、军事等敏感区域拿介绍信也不让进;有些人在外地做生意,房屋长年铁将军把门,无法调查宗地信息;有些违章建筑,看到拿图纸的人量来量去,极不配合,甚至阻挠。"

夏易非本只是说说这项工作很多不能自己把握进度的地方,没想到这事下午竟被我们遇上了。

下午小雨停了,我们继续工作。当我们想进入苏佳装饰公司厂区调绘地形图时,被门卫拦住了,盘问了我们半天,夏易非一一耐心地给予解释,最后给我们的答复竟是"我说了不算!"于是门卫又打了一通电话,不多久来了位"矮瘦个","矮瘦个"又把门卫刚刚问过的问题问了一通,我们只能又耐心地一一回答。"矮瘦个"没有直接同意我们,而是打了个电话,又把我们带到二楼的一间领导办公室,领导这回不再盘问了,而是眼睛紧盯着图纸,指着一栋房子跟我们说:"你们这栋房子不要画上去!"夏易非为难地把工作要求讲了一遍,领导听后不悦地说:"这片厂房我是租来的,你们快点弄,不要影响我们生产",说完又转身给"矮瘦个"交代了几句。我们感激地快速下楼调绘,但"矮瘦个"如影随形地跟着我们。我们想问他一些信息,但他总是很原则地回答:"这厂房是租来的,我不知道!"当我们离开时,他像是如释重负又像是透露重大机密对我们说:"我们这里早说被别人测过画过图了,人家有三角架有望远镜,设备比你们先进多了……"

他讲的是不久前的地形图测绘,这些我们怎么会不知晓?我和夏易非对视笑了笑。夏易非刚才耐心地一遍遍解释已经口干舌燥了,喝了些矿泉水润润嗓子,又走向另一个地方,或许又要进行一遍又一遍地解释。这位长期坚持野外工作的测绘者,就是这样,一天天,一月月,一年年,用图纸描绘着这方热土,更是用坚忍抚摸着这片大地。

有些路段已经华灯初上了,我们也收工返回。此刻的天空,晚霞染红了天际,慢慢地淡淡的酡红色弥漫了整个苍穹——明天将是一个艳阳天。

(2009年)

"闻风而动",这一场突击考试!

· 朱长进 ·

"菲特",一个带有诗意且透露洋气的名字,不仅败坏了不少人的兴致,也拖住了2013年国庆黄金周的尾巴,更给地处温州的浙江省第十一地质大队的地质人出了一道严峻的考题!

诞生于今年金秋十月的第23号强台风"菲特"来势汹汹,气宇轩昂、波云诡谲地直向温州扑来。此次台风在秋季形成,正值国庆长假,恰逢天文大潮,强台风持续时间长,降雨强度大,强风暴雨高潮齐聚,中央气象台发布台风红色预警信号,温州市委市政府也将预警警报提至最高级,温州全城进入一级戒备状态。

紧急关头,作为温州市防汛抗台技术支撑单位的浙江省第十一地质大队,吹响了嘹亮的集结号。

集结号已吹响

10月1号至4号值班的该队队长龚新法一直密切关注台风的动向,10月5号,台风的形势比较明朗后,他再也坐不住了,立即部署大队内部的防台抗台工作,要求该队下属单位的领导立即行动起来,要做好正面袭击、影响重大的思想准备,切不可麻痹大意,掉以轻心,确认确保本单位防台工作认真有序地开展,并采取必要的措施,确保人身财产安全,做到通知到人,落实到位。并指派副队长卓可明坐镇督察,负责队内的防台抗台工作。

作者简介:朱长进,男,浙江省第十一地质大队高级政工师。

队外,龚新法亲自挂帅,担任温州市地质灾害应急调查专家组总负责人,要求地环院等根据市地质灾害应急指挥部的要求和部署,及时进岗到位,认真做好相应准备工作。6日上午9时,全队地质灾害应急小分队成员准时到队部报道。他将成员分为六队:一队入驻温州市国土局,为地质环境处提供地质灾害防治方面的咨询服务,并负责市区附近的地质灾害应急调查任务。其余五队分赴泰顺、苍南、平阳、文成、乐清五县(市),为当地政府部门提供防灾支持。除此之外,还部署了紧急后备组,随时在队部待命,准备紧急支援相关县市。要求所有成员注意安全,随时保持通讯畅通。"养兵千日,用兵一时",抗击"菲特"的集结号已经吹响,地质队员们又一次斗志昂扬地走向抗灾第一线。

防台没有假日

日常工作有假期,防台抗台却没有假日!

时值国庆长假,有的职工身在外地,有的已有假期安排,有的正同家人团聚,但集结号吹响后不到24小时的时间里,大家都"闻风而动",立即放弃休假,迎接这一场异乎寻常的"突击考试"!

大队副总工程师、地环院院长袁民豪教授是河南人,在温州工作大半年,好不容易利用这次国庆长假回家探亲。当他得知"菲特"台风可能正面袭击温州市之后,他第一时间自驾回温州。10月5日下午接到的"集结号"令,六日凌晨五时启程,马不停蹄,风雨无阻,长途跋涉一千多千米,历时十多个小时,一路"奔"回温州。来不及休息,顾不上疲劳,晚上九时,挟风裹雨赶到温州市国土资源局,询问是否出现险情,得知暂时没有险情之后,才在大家的劝说下稍事休息。

还有高级工程师秦海燕,全家在横店旅游,接到"于6日下午4时赶到乐清抗台"的指令后,马上停止旅游,驱车往回赶。一路大雨倾盆,车多路滑,连中饭也顾不及吃,立即奔赴乐清市,加入到乐清市国土资源局抗台战斗序列。

还有吴昌懂、张玉中、王一鸣、胡志生、刘冬、赵红新、黄冀、叶武、徐良明、黄奔、李王志等，以及多位驾驶员，他们都放弃了休假，返回工作岗位，奔赴防台抗台第一线，紧张而有序地投入到抗击"菲特"的战斗中。

　　此刻，旅游、团聚和家庭的温馨，全部让位于抗台！

台风就是命令

　　气象部门预测：今年第23号强台风"菲特"最大可能于7日凌晨左右在闽北到浙南沿海一带登陆。

　　台风就是命令，所有的地质灾害应急小分队成员上演了一场与台风抗衡的生死时速：必须于当日下午6时前赶到当地，协同抗台。

　　在温州市区，徐良明和王一鸣从6日下午起就一直坚守在市局地环处，密切关注着台风和雨量的动态。

　　在泰顺，胡志生等冒着风雨查看了县城周边的地质灾害点，在确认地质灾害危险区的人员都撤离了之后，才放心的回到抗台指挥部。

　　在文成，赵红新不顾危险查看地灾点，让同行的司机都很担心。

　　在乐清，本已疲劳的秦海燕一刻不停，争分夺秒，只怕错过一处地灾点。

　　在平阳，张玉中和叶武听从当地国土资源部门的统一调遣，值班抗台，关注台风动向，注意其路径走向，注意降雨强度，一夜无眠。

　　在苍南，台风影响最为严重，刘冬和黄冀路上就花了4个多小时，傍晚6时才赶到，顾不上饥肠辘辘，立即投入抗台，一直打到手机没电，而全城大面积停电，心急如焚！

　　这一夜，台风吹着尖锐的口哨裹着倾盆大雨砸向黑暗。"夜里11点多，儿子打电话给我，说风很大，门窗乒乓作响，感到害怕，睡不着觉，让我回家陪他，听完儿子的话，心里有种酸酸、愧疚的感觉。"一位队员如是说。

　　"我半夜接到爱人电话，说由于风大雨大，害怕得要死！门窗关了都提心吊胆，一夜无眠！"另一位队员如是说。

这一夜，所有的队员以及他们的亲属，注定一夜无眠。

地灾点是战场

"菲特"台风于 7 日凌晨 1 时 15 分在福建省福鼎市沙埕镇沿海登陆。

上午 10 时，分赴各地的抗台小分队陆续传来捷报：全市发生的 11 起地质灾害点险情，没有发生因为地质灾害引起的人员伤亡！

而坐镇指挥的袁民豪尽管面露倦容，却丝毫不敢懈怠，给每一个小分队打电话：虽然台风警报解除了，但由于温州市前期降水偏少，土壤疏松，受强降雨影响，地质灾害发生有一定的滞后效应，随时有可能发生地质灾害，一定要打起精神，坚守岗位，做好应急调查。

于是，各小分队又奔赴熟悉的地灾主战场，在接到村民们的预警预报后，涉水趟河至各个地质灾害点，开展应急调查，编写速报表和应急调查报告，并告诉当地村民要注意些什么，在确保安全的前提下才可撤回居住地。

"菲特"是一场突击考试，而"闻风而动"是一道现实的考题。

在这场突击考试中，没有一个地质队员怯场；而面对这道考题，地质队员们给出了圆满的答案。

（2013 年）

第二篇
不爱繁花爱地质

2019年,在抗击台风"利奇马"期间,地质灾害防治青年突击队逆风而行,为受灾村镇提供地质灾害防治技术支撑服务

在省基金项目石平川矿区,钻探工人正利用吊索运输钻探设备

为苏村地质灾害救援工作提供滑坡应急监测服务

▲ 在省基金项目石平川矿区，地质队员正在进行切样作业

▲ 在省基金项目石平川矿区，钻探班组正在开展钻探作业

▲ 在青田县石平川钼矿乌岩尖矿段矿区，地质队员深入矿硐追寻找矿线索

会昌河·地质桥

——写在改革开放 30 年

·吴跃民·

今年是我国改革开放 30 年,也是我队建队 30 年,还是我考上中专、走出农村,并成为一名地质人的 30 年。我从 1981 年 7 月毕业后一直在十一队工作,可以说既是我国改革开放历程的见证人和参与者,更是十一队创业、创新发展的亲历者和实践者。我很庆幸自己能伴随党的改革开放政策和十一队的发展而不断成长,更为自己能把一生中最灿烂、最宝贵的年华与祖国的伟大复兴事业和十一队的发展紧紧连在一起而感到自豪。

回首改革开放 30 年的历程,许多往事就像发生在昨天,一件件、一桩桩,常常在我脑海里浮现,仿佛历历在目,令人心潮澎湃。在这里,我单就说说 27 年前我刚到地质队参加工作时所见所闻的新桥和地质队的故事。那时,从市区往西过了清明桥,温州人就称之为乡下,而新桥离市区 4 千米远,更是乡下的乡下了。时至今日,我还清晰地记得我参加工作刚报到那天的情景。

那是 8 月上旬,我一早从金华乘长途汽车去温州,翻山越岭,一路颠簸,顺瓯江蜿蜒而行,更有汽车轮渡,真称得上惊心动魄。我生平第一次坐这么远的汽车,过了缙云已昏昏沉沉,路上没吃什么,到达温州南站已是下午两点多,早已精疲力竭。更要命的是,一下车就被拉三

作者简介:吴跃民,男,61 岁,浙江省第十一地质大队原党委书记,高级政工师。

轮车的围住，叽里呱啦，好像到了日本，啥也听不懂。想打个电话给单位，南站里的电话亭围满了人；想打听4路公交车在哪儿上车，又听不懂。当年温州还没有出租车。我情急之下就选了一个面善的三轮车夫。他很高兴，立马帮我去拎行李。问他到新桥有多远、要多少钱，他那温州普通话，我似懂非懂。心想管他呢，只要到了单位，就什么都不怕了。也许是人累了感到时间过得特慢，路特别的长，狭长的人民路，踩啊踩，就是看不到尽头。好不容易到了清明桥，谁知到新桥的沙石公路正在改建，坑坑洼洼，尘土飞扬，我还得下来帮助推车。从清明桥到新桥足有4千米，那一路上的惨状实在难以名状，至今想起仍心有余悸。庆幸地是，总算在4点半前赶到了地质队，一路悬着的心终于落了地。看到载着行李的三轮车进了地质大院，正要下班的职工纷纷围了过来，七嘴八舌，看热闹似的。我怕过了下班时间，就先到政治处报到，政治处的负责同志很热心地跟着下楼，问车夫要多少钱，大概车夫说十五元，大家都说他欺负外地人，哪有这么贵，弄得他慌慌张张，连忙说可以少两元。而我这下有了靠山，也就壮了胆，跟他还起了价。要知道，十五元钱是当时一个普通工人的半月工资，况且我当时带的钱也不多，如都付了车费，拿什么吃饭？在大家的压力下，车夫只得同意收八元。我没有八元零钱，就拿一张十元到计财科换，谁知一进门就挨了黑脸科长一顿骂，说现在的学生老三老四（温州方言，形容自以为是，摆老资格），也不打个电话，也不坐公交车，那么胆大就敢雇三轮车，还说这车费不能报销，弄得我好不尴尬。车夫接过钱，骂骂咧咧，飞奔似地跑了。大家渐渐散去，我到三楼招待所登记住宿，这才知道两个同班同学已住在里面！真是喜出望外，一天的辛苦马上消了一半。就这样，我一到地质队就出了名。这参加工作第一天的经历让我终身难忘，虽说已整整过去了27年，每每想起，都会令我感慨无限。

那时的新桥，北靠坟墓成堆、阴森荒芜的金蟾山，山下便是横贯东西的温瞿沙石公路（即西山路）；弯弯曲曲的会昌河缓缓流经整个新桥，向东汇入瓯江，架在河上的石板桥与河边零星硕大的古榕树，仿佛诉说着会昌河的远古与沧桑;沿公路两边、山岙里与河的两岸,散落着几个村落、几家工厂,而南边村外便是连片的农田。河的两岸通过新桥、地质桥、三溪桥相连接。地质队就坐落于会昌河南岸最凸出的西堡村边,东北西三面环水,南面是民房和农田,北面大门外便是地质桥,与温瞿公路相接。地质队与新桥乡政府、电影院、卫生院隔河相望,近在咫尺。地质大院内,除了四、五幢两层楼的红砖房作为办公楼、家属楼,还有一幢作为招待所、集体宿舍的三层楼房,其他零星分布的都是些简易房、活动房,简单得不能再简单。最引人注目的,要数办公楼前的篮球场了,那可是职工业余文体活动的乐园。除此之外,再没有什么别的了。印象中当时从市区到新桥只有两路公交车经过,其中4路车从望江路到新桥旸岙,8路车从飞霞路到瞿溪,交通甚是不便。据说,地质队当初之所以选址新桥作为队部,就是此地距市区4千米外,比较偏僻,属于野外,按地矿部规定,职工可以享受每日0.4元的野外津贴。一个月津贴就有12元,这在当时相当于两级工资。所以,如果当时你在地质队工作,大家都会很羡慕你。再说地质桥,这是一座宽4米左右,由三个拱形组成的钢筋水泥桥,建于1972年。因由地质队出资建造,故名地质桥。说起她,很为地质队人自豪。你别看她现在已闲置不用,被旁边新建的大桥所取代,但在当时会昌河的三座小桥中,数地质桥最大,且位居新桥中心地带,紧靠乡政府、电影院、卫生院,是当时的主要交通要道,对新桥人民的生产、生活发挥过重要作用。在没建地质桥之前,新桥会昌河两岸的村民只能靠摆渡过河,往来很不方便,据说在地质桥边,原先有一条渡船,两端系上两条麻绳,绳子的另一端分别固定在岸边,过渡人就自己手拉麻绳过河,现在想象起来还觉得蛮有一番情趣!

过了30年,现在的新桥、地质队可今非昔比了,会昌河、地质桥都换了新貌。原先满眼黄土、坟茔的金蟾山已成了市区最大的景山森林公园,动物园也在90年代搬到了山上,常年郁郁葱葱,是市民休闲、游玩的好去处;西山路几经改造,如今宽敞的六车道是市区通往西部的主干道;古老的会昌河也焕发了青春,花岗岩河岸、白大理石护栏,河边是造型别致的公园,名木花草、亭台回廊、九曲桥、荷花池……好一派江南水乡风光。如今的地质大院已扩建两次,建了两幢办公大楼和10多幢职工宿舍,房前屋后停满了私家车。尤其是目前新桥最高的标志性建筑17层地质科技大厦于今年4月投入使用,以及内部环境的改造、整治,更为会昌河增添了一道亮丽的风景。而曾经为地质人引以骄傲的地质桥,虽已退休赋闲多时,斑驳陆离,仍静静地横卧在会昌河上,仿佛注视着旁边西山路和大桥上的车水马龙,向人们昭示着自己曾经的辉煌。令人欣慰的是,地质桥如今已成了一个响亮的地名,你打的士时一说是地质桥,师傅十有八九就知道是新桥地质队,而地质桥边的新大桥,却很少有人知道。

9月初,温州日报刊登了"寻找最美的地方——温州改革开放30年摄影大赛"获奖作品,其中一幅获得三等奖的《塘河新貌》,拍的正是新桥会昌河的优美景色。蓝天白云、悠悠碧水、轮船、公园、草坪,原来自己长年工作生活和早晚漫步、休闲、锻炼的会昌河畔,在艺术家的心中是一幅多么令人陶醉、心旷神怡的美丽画卷。我站在地质科技大厦楼顶远眺俯瞰,茂密的景山森林、悠悠的会昌河、河滨公园、地质桥,多美的地方,我却身在其中不识庐山真面目。在这里,我要感谢郑高华老师,是他的《塘河新貌》让我感悟到了会昌河的美丽神韵,使我更加热爱朝夕相伴的会昌河、地质桥。更要感谢改革开放政策,使新桥这个偏僻落后的乡镇变成了温州西郊一颗耀眼的新星,窥一斑而知全豹:新桥、会昌河、十一队、地质桥,她30年来所发生的巨变,不正是改革开放以来祖国翻天覆地变化的一个缩影吗?

(2008年12月)

人生有时不需要答案

· 李伊琳 ·

在永嘉县西北层峦叠嶂的金银矿上,浙江省第十一地质大队的地质人员,在艰苦而又坚定地完成着他们的使命,这群来自上海、青田、新安江等地的地质人,有的是重点大学的毕业生,有的是退离休的地质人员,也有的是临时工。

十年寒暑,弹指一挥间。不管是山风凛冽的寒冬,抑或骄阳似火的酷暑,地质人任自己的生命在山野上磨练,用自己的青春岁月或余晖暮年谱写着一曲奉献之歌。

一

"隆隆"的钻机声中,地质人与山民心中升起了共同的希望,待到宝藏勘采的日子,地质人圆满完成使命,山民致富的日子也就不再遥远。

金银矿第一驻扎处是一个仅有两座房子的小村庄,到达永嘉公路的尽头,还需走2个多小时的山路。未见金银矿,远隔叠叠山峰,寂静的群山中就已响起了金银矿"隆隆"的钻机声……

在小村庄的民房里,一位六十岁左右的老汉,涂满漆黑药沫的双手肿得张着十指,正艰难地吃着碗里的饭粒。他叫张家荣,是金银矿钻机组的副机长。干了几十年的钻机工作,退休了还离不开这"隆隆"的机声。

为了赶速度,三人钻机组实行"三班倒"。钻机组每天施工,都定时定指标,如果到了规定时间还没完成所定进度,就会受到严厉的批评。这是一份容不得一丝马虎的工作。不管白班或夜班,都要全身心投入。钻机钻入地层,有时钻机声音听起来异样,当班者要马上取出钻机中的岩层,还得分清取出的岩层离地面多少米,以供普查组地质技术人员普查。

钻机组作业的山坡离小村庄还需步行40多分钟的路程,山势陡峭,一般人都得两手着地爬上去,下山也得弓着身子扶住路边的树木小心翼翼下来。如此难走的山路,钻机工人一天一般要走三、四趟。

在山上值夜班,最难耐的是睡意与饥饿。睡意袭来,工人只得撩起冰冷的泉水提提神;饥饿难耐,只得捧起山中泉水吸几口以解空腹之饥。他们中十有八九的人都落下了严重的胃病。

钻机作业的山坡,电线横布在小道上。由于缺乏经费,钻机组只能聘请当地乡政府一名电工兼职。电工所住的村落与矿驻扎处相隔三个多小时的山路,山里又没有通信工具,有时电路出故障相当不便。

老张发肿的双手就是被电所伤,当时,老张正值夜班,电路出故障无法正常施工。心急如焚的老张为了不延误进度,一心想修好电路施工,忘记了自身安危。正当老张把手伸向闸刀时,雨后潮湿,不料手被电得变了模样。当时山路一片漆黑,山上又没有急救设备,两名工人急忙忙地扶着老张出山,去了乡医院。经过十多天的治疗,才保住了老张的手。

二

"荆棘丛生的山林本没有路,地质人踏多了,便踩出了一条宽宽的山路。"金银矿附近的山民,如是感叹。当有人身背破旧的地质包,手拿小铁锤在岩石里、泥土中、峭壁上"寻宝",山民就会知道,这是地质人又在普查工作了。

金银矿目前尚处于普查阶段,如普查矿藏的分布状况、品位、贮存量,等等。此地岩质属火山岩,在火山岩发现金银矿藏在浙东南一带还是第一次。普查组仅有4位技术人员,他们均毕业于各地质院校,年龄在 22 岁至 30 岁左右,其中潘锦勃称得上是普查组里的"元老"。

普查工作也相当艰难辛苦,每天披星而出,戴月而归,逢沟过沟,逢山翻山。就连生于斯长于斯的山民们见了,也自叹不如,"我在大山里住了几十年,跑过的路也没这些青年人多!"小潘刚到金银矿地,与几位老技术人员上山采标。在一片荆棘丛生的山面上,要砍掉丛丛荆棘,然后每隔 20 米,按所规定的土深挖出一个标样。就这样,山面被他们走多了,就踩出了一条山路。

在险峻的峭壁上普查,稍不小心就会坠落或被毒蛇咬伤。那是夏日一个晨光熹微的清晨,小潘与队长周洲强一起进一个矿洞寻找矿脉,走着走着,一股腥气扑鼻而来。小潘和队长两人心中都已断定前面有一条巨蛇,但两人都怕引起对方惧怕而不露声色。

"地质是强者的事业",小潘越来越悟到学生时老师讲的这句话。在人迹罕至的深山野林,需要付出超乎常人几倍的体力与毅力。去年夏季的一天,小潘与普查组另一名技术人员葛鸿志进山普查。中途只感到四肢发软,身上出不了一滴汗,脸色逐渐转白,两人意识到自己中暑了。可是,在这人迹罕至的深山中,一躺下也许永远也爬不起来。他俩牙关一咬,"就是爬,也要爬到附近村庄里去。"拖着虚弱的双脚在烈日下蹒跚 3 个小时,到达村庄时,两人已人事不清。

当记者采访潘锦勃时,小潘拿出了这封珍藏在枕头底下的家书。
锦勃:
　　见信好!
　　小睿接回来之后,变得很瞿,4 月 18 号开始发高烧(40 度)。我独自一人在家,饱受夫妻两地分居的苦处,日夜没睡已 10 天了。有天半夜,独自送小孩去医院,新桥医生诊断是感冒,可是吃了感冒药也不见好转,看到小孩日渐变瘦,我心痛。今天把她送到温州去看,结果说她是麻疹,我又得想办法,故把她送到平阳,我近一个月也在平阳。你近段时间千万不要回来,因你太辛苦了,工作又忙,家里你不要牵挂……

山里通讯落后,有时一封信得耽误半个多月左右。虽然是"家书抵万金",但是延误普查进度,就算是雷电也轰不动地质人。小潘将牵挂"遗忘"在繁忙的普查和填图中。有人说,干地质的一定感情比较冷漠。可是,有谁知多少风雨不眠夜揪心的牵挂?

地质人的情怀是别样的情怀!至今,矿上的人都善意地打趣葛鸿志:"平时老是把老婆挂在嘴上,她要来却又阻止。"鸿志的妻子是名硕士生,在龙湾上班,娘家在外省。鸿志劝阻妻子来金银矿,其实有他的苦衷。当时,鸿志居住的村里养有许多狗,狗身上的跳蚤咬得他满身红肿。鸿志怕妻子来了也受跳蚤之欺,更不想让妻子知道矿上艰苦的生活。夫妻俩都30多岁了,至今没打算要孩子,因为有了孩子后,双方父母都在外地,鸿志又不能耽误矿上工作,妻子一个人忙不过来。这其实也算是一种牺牲吧。

一盏昏黄的灯光,几张简易的木板床,就是地质人的卧室。地质人一人的工作量抵上一般人的四倍。而所得报酬远远低于所付出的,他们是怎么想的呢?

"再苦的活也得有人去干吧。"简单的话语后是一阵爽朗的笑声。万花筒般的市场经济对地质人的思想是有所冲击,但他们内心的豪情与地质人特有的使命感抵制了这个强大的"冲击波"。他们的心胸如大山般坦荡,生活、工作的艰苦,对家人的思念,只能促进地质人更投入地找矿,加快普查进度。然而,当地质人完成了金银矿上的使命,又将是另一种山野生活的开始。

(1996年6月)

在会昌河畔漫步

•于 春•

每日,我吃过晚饭,都会从地质小区出发,穿过地质桥到河对岸,沿着会昌河岸走一圈,静静地欣赏河岸边的美景,什么都不想,让大脑彻底放松一下。

会昌河是瓯江支流,宽约 50 米,弯弯曲曲的河流,像一条玉带一样飘在城市之中。由于河流靠近出海口,水流很缓慢,像停止不动一样。河岸两侧,都用水泥砌得整整齐齐,河滩是早看不见了,但是河岸两侧都留出了一块较大的土地,规划成了公园,成为我们休闲娱乐之处。

会昌河水还达不到清澈透明,却没有臭味。这得益于这几年的治理,政府功不可没。2008 年,我刚到温州,第一次接触会昌河,对它的印象太糟糕,几乎看了第一眼,就不想看第二眼。绿幽幽的河水,还飘着一层油,靠近就有一股恶心的味道扑面而来。我最初住在靠河边的单身宿舍,却从来不敢打开窗户,更不要说在会昌河边漫步,每次出行都是躲着走,实在避不开,只能掩鼻而逃。自从人们意识到环境的重要性,政府更是投入大量资金来治理,会昌河已经变得明净。现在,我们在河边还能看到白鹭。白鹭对水质是很挑剔的,会昌河有它们出现,说明水质的确变好了。河边散步的人多了,垂钓的人也出现了。

河岸两边区域,错落有致地生长了许多植物,榕树是常见的树木,

作者简介:于春,男,贵州天柱人,地质工程师,就职于浙江省第十一地质大队,爱好文学。

靠水而生,有几处古榕树还是原生态的,硕大的树冠,斑驳的树干,透出了一股沧桑之力;柳树必不能少,一排排站在河水边,低垂的树枝似正在戏水的孩童;香樟树更是常见,一棵棵散发着浓烈的绿,把河水都映照绿了;银杏树、桃树、蔷薇树杂乱生长着;树下当然是绿色的小草。绿色多了,也吸引了一些鸟类,叽叽喳喳的叫声,让我们感受到大自然的魅力。

春日里,我走过地质桥,到达廉洁公园,一大片草地,可以任我奔跑。三三两两的人,或躺或坐,与小草亲密地交流着。两三株樱花开得正艳,吸引人们不停地拍照。沿着草地之中的石子路往前走,就到了廉洁园,一个圆形建筑,有乘凉之处,上面挂着许多名言名语,走累了,可以到上面坐一坐,或者躺一躺,自然随心。圆形建筑前面是一大块空地,可以任孩子们奔跑、骑车、放风筝。

沿着河流再往前,就到了荷花塘,一个不大的转弯,形成一处池塘,种满了荷花。当然,这个时节是看不到美丽的荷花的,但是春风的吹动下,残败的荷花焕发出新的生机,绿意盎然。荷花塘之上架有弯弯曲曲的桥,桥的中央是一个凉亭。走在桥上,浩渺的河水,绿色的荷叶,此景可以媲美朱自清笔下的荷塘之美。如果雅兴较高,在凉亭内煮一壶茶,淡看云卷云舒,静听河水悠悠,真是太惬意了。如果是夏天,还能欣赏亭亭玉立的荷花,真是一个休闲的好去处。

桥的尽头,由台阶往上,三五米之后,建设了许多老年活动器材,老人们一边活动,一边看河水流淌,身心都得到了锻炼。河流之中偶尔有渔民撑着渔船沿河而上,他们头戴草帽,光着膀子,目视前方,有规律地摇着船橹,渔舟像漫游的游客,不紧不慢地向上漂流着。船、河、树、人形成了一副美轮美奂的水墨画,让人想把它留下来,好好珍藏。如果是端午节到来,河流将变得非常热闹,一支支形态各异的龙舟,争相斗艳,让人眼花缭乱。他们穿着统一的服装,喊着响亮的号子,敲着整齐的锣鼓声,这一片天地都热闹了起来,行人们纷纷停下脚步,观看这一盛况。

再次往前,还有一个池塘,却比荷花塘差远了。由于水流停滞,垃圾停留其中,狼藉一片。我漫步于此,就要往回走了,沿着河流向前,还有更美的风景,但是时间有限,必须返回。我一直希望在这个位置有一座桥可以到达对岸,能够感受到另外一边的风景。虽然这里本来有一座桥连通两岸,站在河边却上不去。不过这样也好,明天我可以换一条路,欣赏不一样的风景。

对岸同样绿色逼人,风景秀丽。西堡锦园边上就有一棵大榕树,还有雕刻精美的凉亭;温科院边上的古榕树更大,更壮观。新桥镇政府边的公园就更热闹了,夜幕降临,这里将变得人山人海,许多支广场舞队伍在这里翩翩起舞,各种小贩见缝插针,卖着各种各样的小物品,热闹非凡。

会昌河两岸美丽的风景,让我烦闷的心情瞬间变得好了起来。每走过一次,身心都轻松了许多。我感到非常的幸运,能够拥抱这么一片绿色,能够与会昌河为邻。

(2019 年 4 月)

一名老地质队员的赏石情怀

· 董旭明 ·

地质队员赏石,如书匠弄字,如美人抚镜,如游鱼戏水。

漫步地球,看山形奇妙,看山势雄伟,水绕山走,山成水岸。山弱则水欺成弯,山强则临水成景。沧桑万亿年,沐甚雨,栉疾风,成岩成石。石中极品,曰矿石奇石;矿中精品,曰宝石玉石。矿中有石,石中有矿,一取一舍,在于价值。

赏石有两种方式:一种是"捡回来赏"。把大自然的奇妙据为己有,流动于市场,摆放于案头,环绕于公园,矗立于门前;另一种是"就地赏",大到风景名胜,小到袖珍图案,有的搬不动,有的则不能搬,实景实赏,妙趣天成。

地质队员与石为伍,以石为研究对象,无论猎奇机会,还是鉴别能力,比之常人,就有着或多或少的骄傲。能讲成因,能冠其名,能识结构,能辨真伪,如果加上独到的审美观价值观,工作与爱好自然相得益彰,天假其便,乐事成双。夸张点说,地质队员眼里的奇石,才是真正的奇石,一者因为专业,一般的品相难入其法眼;二者石质如何,如何保存云云,自有独到眼界说道。

但也不能藐视他人。因为赏石不仅仅局限于对岩石的认识,更重要的是对美的欣赏和鉴别,要求有美学基础知识和鉴美能力的积淀。同样一块石头,前面的人走过了,后面的人完全会捡起来如获至宝,所以,君不见,一句点睛之名,就可激活有些奇石全新的一面,让你不由慨叹:还真像那么回事儿!

作者简介:董旭明,男,54岁,浙江省第十一地质大队教授级高级工程师。

我热爱地质事业，钟情于各种自然名胜和景观。花岗岩形成的奇山异景诸如华山、崂山、黄山、泰山……傲岸不群，巍峨挺拔；石灰岩形成的喀斯特地貌如阳朔、石林、本溪水洞……奇形怪状，眼花缭乱；砂岩形成的丹霞地貌有张家界、张掖……美轮美奂，惊艳无比；砂砾岩形成的石窟群有敦煌莫高窟、麦积山石窟、云冈石窟……石质坚硬，易刻善存；熔岩和凝灰岩形成的火山岩地貌有五大连池、雁荡山……结构奇妙，遐思无尽，等等这般景观，均可以用地质学和美学的观点妙法去鉴赏点赞。

除了这些风景名胜外，津津乐道的就是人们常说能搬得动的奇石了。

所谓奇石，是指具有观赏价值的天然岩石，范围之广包罗万象，有图案石、象形石、景观石、矿物晶体、岩石标本、化石，等等。有以地名命名的，如三峡石；有以成因命名的，如风棱石；有以形状命名的……不一而是，杂的很。古人以"瘦、皱、漏、透"为赏石文化之灵魂，我认为只要好看，能赏心悦目，就可赏。而如果赏石的过程能赋予一种心情寄托，就更是境界了。

我赏石，就是追求一种境界。每到一个矿区，如果能侥幸收集一两块奇石，回来后细心地摆放在精心制作的书柜上，能不时回味自己那一段段含辛茹苦的故事！多次搬家，这些石头不曾被弃。

第一次捡石纯属巧合，如称之为一见钟情也不为过。当时的心情，惊喜之余，不忍离去。那是在西北的一片沙漠里，当走到一风棱地貌时，山脊梁顶上那一处山鹰雕像，像极了自己当时的处境，虽四顾无人，孤独寂寞，却任沙沙细风恣意吹拂，昂然挺立，极目四顾，像在探寻目光所至的找矿线索。于是我把它轻轻搬下来，放在副驾驶位脚下，精心呵护回家。途中，因为工作需要，还去了趟青海西宁，也有机会顺道走进了西宁奇石市场，竟然有人出了很高的价要买这块宝贝，而偌大的市场，能让我看中的所谓奇石也是寥寥无几。从此，奇石与我有了一种共鸣，不仅仅在于这次估价，而在于此行带来的一种震撼。从此，这只山鹰一直陪伴着我，任出高低价也不曾卖。

此后,在找矿的路上,我多了一个爱好:找奇石!说是爱好,就不能影响工作,相反,把找矿和找奇石相联系,更加激发了对大自然的敬畏和对找矿的激情。有一处特大型的优质石灰岩矿,就是在形形色色竹叶状灰岩的诱导下找到的,后来获得了找矿成果奖。

第二块奇石的得来,是一条河过不去,项目组分散开来到处去找垫脚石。突然,水中一处图案映入眼帘,石英细砂岩石面上,水冲蚀后的页岩残余图案像一位独思的老者,叼着烟坐在崖边。栩栩如生的画面,苍凉而孤累的神态,不就是勤劳一生的中国农民之父的写照吗?于是,我把他命名为"父亲石"。

另一次,大山深处的河床上,饭后的项目组成员漫步其上,一边交流着一天的心得,一边畅享着河流的清澈。绢云母细砂岩鹅卵石上一幅图案引来了众人的好奇。有人说像一位抱着孩子的少妇,帐外站着关心孙子的老公公;也有人说,那是一位猥琐的老色鬼在偷窥女人"奶"孩子……我倒最欣赏那少妇闺房里的一片静和净,至于那老者是何种状态,只是陪衬。

多年的地质工作,所有的藏品缀满了一堵墙,有几件遗失,却无一件被卖。知道自己的收藏不是最漂亮的,没有光彩夺目到竞相目睹;也不可能是最贵的,价值连城一夜暴富;也不是最大而全的,如"满汉全席"一般,琳琅满目;更谈不上充满文化气息或历史底蕴,像历史名人或建筑或文字,但却一定是自己喜爱的,因为都是在工作途中,每每亲手采回来的。

赏石是一种缘份,可以说见仁见智。商者游弋于各地收购,爱者或捡或买碰巧而拥有。无缘者三过其地而不见,有缘者碰巧一瞥不忍离。常人相见不相识,识者赋名见灵气。

地质工作者不是商人,虽是痴爱,不会拿出养家糊口的工资去购买价值不菲的奇石,也不会花多余的时间误了工作,只能作为对工作有利的一种爱好去随缘,提工作兴致,助生活雅兴。事后随兴把玩的时候,是那么一种苦涩并坚韧着的精神食粮,有一种情结——安在!

(2017年4月)

舌尖上的地质队

· 林 莉 ·

我是在地质大院长大的孩子,从小爸爸就很会烧菜,是家里的主厨,长大后发现别人家都是妈妈掌的勺。工作后才知道,其实十一队的不少职工家庭,都有一个入得厨房的好男人。不仅如此,据说当年车队的驾驶员,个个在厨艺上都是好手,说得玄乎点,就是掌握着厨房的秘密。

从小到大,家里总会时不时的有好些新奇的吃食,什么蛇酒、蕨菜、马兰头、野草莓、兔子肉……能让我跟小朋友们好一通炫耀。当时的我小孩子心性,从没想那么多,就感觉爸爸和大院的叔叔们都好厉害!每次出差都能给我带回来好吃和好玩的。也形成了这样一个观念,所谓出差野外应该就跟春游一样吧,是充满了惊喜和乐趣的游玩。直到我自己也从事了地勘工作,真正走入他们的生活,才意识到当年的想法是多么的幼稚。穿行在人迹罕至的大山深处,风景美则美矣,也总有看厌的时候,以天为盖,地为庐,点着篝火取暖的样子,听起来有江湖大侠的豪迈,可过起来就唯有冷冷清清,凄凄惨惨戚戚的感叹了。这样的环境下谁还有半分游玩的兴致,只是苦中作乐罢了。

我也要经常出差,也会带回来一些野猕猴桃、山梨子、山李子、山茶花、蜈蚣酒等。才发现,这些吃食、玩意儿都有一个共同的特点,它们都不是什么昂贵奢侈的东西,却透着拿钱也买不到的那股子新鲜劲

作者简介:林莉,女,浙江温州人,探矿高级工程师,就职于浙江省第十一地质大队。

儿,这种感觉直到现在还依旧让我很是受用!不用说,相信咱们地质人一听就明白。这些东西无一不是来自大自然的馈赠,正是由于地质队特殊的工作环境,很多对于现代城里人来说,难得尝到的原汁原味、纯天然无污染的山野美食,却是我们可以随手摘得、随性制得的。这看似得来容易的原始味道,是一代代地质人在平淡、枯燥、寂寞的野外工作中所练就的自得其乐、苦中作乐、自娱自乐的独门绝技。

对于一个吃货来说,单位的食堂是一个必须隆重介绍的地方。记忆里,十一队食堂曾搬过一次地方,也换过不知几代师傅。随着大家生活水平的提高,菜式也年年翻新,但不管怎么换,每天早餐推出的手工大馒头,这么多年从没变过。依旧是这个味儿,却让人总也吃不腻,其卖座程度,简直堪比一首经典老歌,让人怎么也唱不厌、听不腻。只要你稍稍偷个懒,起个晚,早上的馒头很可能就没你的份了。要说它还真不是什么绝世好味,很不起眼,吃起来也没有外面买的馒头那么白嫩松软。可就是那扎实的口感,纯正的老做法,十足的分量,总能给人实实在在的饱腹感,让人一见倾心,百吃不厌。

食味人生,有时多么炫技的酒食菜肴都不如一个大白馒头来得简单实在。我们最需要的不就是这种最简单、最纯粹的味道吗?这种味道在漫长的时光中与淳朴、念旧、勤俭、坚忍等情感和信念融合在一起,才下舌尖,又上心间。

(2013 年 8 月)

属于他们的一片秋色

• 林　莉 •

秋天,一个可以属于任何颜色的多彩绚烂季节。这时候,大多数人会选择在国庆假期安排一次或长或短的旅行,放松心情,寻找一片属于自己的秋色。可就是这贵为"黄金"的一周长假,对于我队地质工程分公司的野外钻探班组来说,却是波澜不惊,平淡如往日,除了热闹喜庆的电视节目外,处在山沟沟中的他们并没有感觉到太多的节日氛围。

秋分虽过,暑气犹在。四面高山环绕下的青田县黄垟乡,祥和宁静,凉风习过,秋叶缤纷,也恰为石平川钼矿区坦铺块段地质钻探项目增添了几分浪漫。两台身披墨绿色塔布的钻塔威耸在不远处的两座山头上,身着鲜红色工作服的一群人正在紧张有序地忙碌着,他们是钻机机长侯坤、王雨木,他们是十一队地质人,他们选择放弃国庆休假,坚持钻探施工作业,似乎山外假期的喧嚣相较他们满身的机油和满脸的汗水显得如此"格格不入"。

侯坤,目前大队最年轻的钻探机长,武警黄金部队某部退役的钻探技术尖兵,直爽的四川汉子,当问起他自从干上这份工作以来,与节假日几乎无缘,是否会心有不甘,就没想过跟着潮流,也来一场说走就走的旅行?他腼腆地笑着说:"空闲时也爱折腾手机,刷刷朋友圈,看到大家晒的城市生活,丰富精彩,说不羡慕,那是假话。但仔细琢磨,

作者简介:林莉,女,浙江温州人,探矿高级工程师,就职于浙江省第十一地质大队。

其实这也没啥，谁都有自己的生活和工作，你演绎不了别人，别人也扮演不了你。从十八岁离家当兵起，干的就是钻探这一行，多年来早已习惯。郁闷的时候，站在机台上放眼远眺，阳光、蓝天、青山、绿水、红叶，美得那么有灵气，心里自然也就敞亮了！"

是的，心里敞亮，天地才宽广！十一队地质人正因为有了这种笑对艰辛，苦中作乐，自娱自乐的精神，才能驱赶寂寞，守住清贫，甘心扎根在这大山深处，无怨无悔。

有人说，秋天是金黄色的……

我说，秋天是绿色的，十一队地质人用自己的无私付出，诠释着最质朴、最平凡、最清新的劳动者形象，让耸立披着绿色外衣的钻塔帮群山抹上四季不变的绿色。

（2014年10月）

争做时代的"补匠"

· 江 伟 ·

"曾几何时,我们也一样志存高远,胸怀大志,有着报效祖国,服务人民的热情与豪迈;曾几何时,我们也一心想着为天下之崛起而读书,即使那依然是个在为吃饱肚子而犯愁的艰苦年代,我们也执着地为心中那永不熄灭的梦想火焰而努力……"读罢温总理的地质笔记,心情久久未能平复,总理笔记并非字字珠玑、句句惊艳,字里行间亦无过多修饰,就如同话叙家常,娓娓道来,朴实无华,让人倍感亲切。其中,总理在地质系统18年工作经历和艰苦的野外地质生活尤令我敬佩和感动。

总理眼里放着的是人民的疾苦和国家的困难,心里盛载的是国家和人民的利益。正如他笔记所言,"我们的责任,就是为人民负责"。于己,甘于艰苦和寂寞,乐于奉献和牺牲。他有着为国家贡献青春,为人民全心服务的初心——"我要以坚韧顽强的精神,克服一切困难,只要一天不倒,一息尚存,就要为人民工作一天";他有着朴素而又伟大的理想——"一生将以高山为伴,不断探索和追求,努力攀登科学高峰,做个有益于人民的人";他谦虚谨慎,勤奋好学——"现在,同事们都在打扑克,我不愿在那上面多费时间。我想,只有把别人玩耍的时间,都用于工作和学习,才能弥补我资质的不足,才能不空耗生命,才能在有限的生命中为人民做更多有益的事情""要在艰苦劳累的工作之余不忘学习,抓住一切可以学习的时间学习";他还有着对工作认真

作者简介:江伟,男,浙江省第十一地质大队网络工程师、信息系统项目管理师(高级)。

细致、一丝不苟的优良作风，对地质事业的热爱和对艰苦环境的乐观与豁达、在艰难险阻面前的勇敢和斗志。

　　地质人都知道地质工作是艰苦的、枯燥的，有时候甚至艰苦得无法言语、枯燥得近乎残酷，尤其是在当时国家贫困、物质贫乏的年代。但是在总理的眼里，地质工作却是最亮丽的风景和最有意义的事，因为他热爱祖国，热爱祖国的一山一水、一草一木，并且愿意为祖国和人民牺牲一切。正如总理说："我身在深山，但胸怀却像海一样宽广，我把自己的工作与人民的利益联系起来，就产生了无穷的力量，顽强地战斗。"总理的地质笔记更多的是记录了宝贵的第一手地质资料，为日后的地质工作提供了有力支撑和指导，意义巨大。我更为总理对待工作笔记的态度所折服，当翻开书卷，映入眼帘的手写体字迹端正清晰，页面干净整洁，每一次地质调查成果和情况都有条有序如实记载，没有半点马虎，对于修改或者更改之处都详细标注，做好注解。总理对待工作的态度值得每个人学习，从总理的笔记中也可以看出总理做人的态度。总理曾经放弃两次提拔的机会，怀揣报效祖国的满腔热情和志向，以血书明志：到祖国最需要、最艰苦的地方去。这是何等的胸怀和品格！即使后来仕途顺利，三十多岁便位居处长之位，再后来位高权重，但总理依然不忘学习和思考，时刻保持着清醒的头脑，谦虚谨慎、鞠躬尽瘁，严格为人处事的准则和保持一颗为人服务的初心。他说："一个好的干部，无论什么时候，无论什么问题，无论什么场合，都要敢讲真话，这样做于国家于人民有利，于自己也无害。那种一味迎合领导的'奴相'是可鄙的。我尊重领导，但从不迎合。"

　　自1968年初研究生毕业后奔赴甘肃，总理从一个意气风发、胸怀大志的热血青年一步一步走来，为国家和人民呕心沥血，直到2013年3月才从国家的工作岗位上退下来。一个时代虽已过去，但前辈们不畏艰难、刻苦学习、艰苦奋斗、报效祖国、服务人民的精神和品德永远值得我们尊敬和学习。正是因为有了他们的努力付出，方才成就了现在祖国的强大、社会的稳定和谐，也正是因为有了祖国这个强大的后盾，我们的时代"大厦"才得以安全、稳固、和谐、美好，有了时代"大厦"

为我们遮风挡雨，人民才能够有足够的安全感，才能够安居乐业，享受幸福的美好生活。然而，居安思危，在我们感慨岁月变迁、社会进步、科技发达以及每天享受着美妙幸福生活的时候，我们是否想过该如何将我们的时代"大厦"建设得更加稳固、安全和美丽？是否想过对比前辈我们在精神、品德、思想、境界、担当、责任等方面又是什么样的状况呢？

历史的车轮永远挡不住时代发展的步伐，二十一世纪的今天，发展变化快得都有些让人来不及回忆。社会的快速发展加快了我们行走的步伐，以至于完全忽略了沿途的风景，甚至因为追赶，还不惜破坏了美好的风景；也正因为发展的速度太快，我们迷失或者丢失的东西也多了起来，比如过分地追求物质财富却忘却了思想灵魂的升华；一味地追寻欲望，心灵却忘却了最初的美好；有些人心变得越来越贪婪和势力；社会风气也愈发不古之势；年轻人缺少了应有的吃苦耐劳和奉献精神；人与人之间的交流和沟通也变得更少了，甚至陌生了起来；因为有了电子产品、影视、游戏等娱乐项目，人们也变得不那么爱学习、爱读书了……社会突然一下子变得浮躁而不那么平静了，人们思想的缰绳也变得更加的紧绷，人们的生活节奏也加快了，要么为名来，要不为利往，每个人看起来都很忙的样子……我们的时代"大厦"里突然环境变差了，漏洞更多了，不文明不和谐的因素增加了，有些地方瓦楞残破不全了，有些地方门窗钻风漏水了，加上或因风雨侵蚀、或因年久失修、或因天灾人祸等原因，"大厦"是时候进行必要的修补了。

让我们秉承前辈的精神和作风，勤思好学，积极进取，将身体和灵魂都放进熔炉中淬炼，为建设我们更加美好的时代"大厦"奉献青春，甘洒热血；让我们走得更慢一点，等等灵魂，听听灵魂的声音，多些时间和精力去思考、去学习；让我们都争做时代的"补匠"，查漏补缺，有的放矢，为时代"大厦"的修补添砖加瓦，补水加油。相信在我们共同的努力下，我们的时代"大厦"一定会变得更加雄伟壮丽和稳定牢固，也一定能够历经千年风雨而弥坚。

（2017 年）

做一名有责任担当的地质人

·叶建亭·

《温家宝地质笔记》介绍了温家宝同志1968—1985年间，总计18年地质工作期间的野外考察笔记、管理工作笔记、调研笔记、学习研究笔记，这本书收入了大量手迹影印件，深刻反映了作者的世界观、人生观、价值观，是难得的励志书。这本书字里行间饱含着温家宝同志对祖国和人民的赤胆忠心、无限深情及藏怀着感恩的心。书中反复出现的词汇：坚韧、思考、调研、勇气。一个人不光要有大的理想规划，更要有实施步骤，能够在每一件小事上不断积累力量和能力，有方法和步骤去完成大目标，让理想落地开花。这本书不仅是珍贵的地质工作笔记，也是催人奋进的励志佳作，不仅体现了温家宝同志立身以立学为先的人生态度、专注执着的工作精神、严谨务实的工作作风，也是"三光荣""四特别"精神在老一辈地质工作者身上的诠释。这本书深深地震撼着我。

专业知识的学习需要脚踏实地。引言《梦里常回祁连山》中写道："在野外考察中，我从未定过一个'遥测点'，因为我的良知不允许我那样做。我决不能偷懒，否则我将痛苦不可释。哪怕多爬一两个小时的山，我也要到实地进行观测，认真地记下自己所看到的一切。"有些人只顾完成成果而忽视对细节的谨慎处理，有些人只沉溺于畅谈事业理想而将书本和规范丢到一旁，有些人一直强调劳逸结合而"三天打鱼，

作者简介：叶建亭，男，江西临川人，浙江省第十一地质大队，助理工程师，从事矿政技术服务工作。

两天晒网",到头来只会皮毛不懂精髓。地质行业的专业技术知识博大精深,需要一丝不苟、脚踏实地去学习,去实践,去积累。"不积跬步,无以至千里",只有把"冷板凳"坐热才有可能独当一面!

积极心态和宽广胸怀的培育需要脚踏实地。引言《梦里常回祁连山》中写道:"地质队员在野外考察时的工作和生活是单调枯燥和艰苦危险的,但也充满了神奇和乐趣。我平静从容地面对艰苦,在困难的环境中保持尊严,保持心灵的纯洁和美好,把希望寄托在明天,这样的内心,有着常人的愿望和追求,也有着神仙般的诗意和广阔。"一些地质队员的野外工作积极性并不高,或许还缺乏脚踏实地的工作态度。如果说野外工作是一艘航行的帆船的话,积极的心态和宽广的胸怀就是船帆,而脚踏实地的态度就是吹动船帆的风。没有动力,帆船就难以驱动,不脚踏实地工作就难有建树。我们在野外工作中虽然感到辛苦,但是有辛苦就会有收获,特别是在有限的环境和条件下,当汗水转化为那些有目共睹、有口皆碑的成绩时,会发现之前的辛苦都不算辛苦,后面的成就都会转变为幸福,满满当当的成为我们的精神财富并伴随一路前行!"心底无私天地宽",心中没有过多纠结,就不会患得患失,才能做到恬然自得,达观进取。

阅读量的积累需要脚踏实地。引言《积累知识为人民》中写道:"工作越忙,读书越要坚持不懈。睡觉前我一定要看书,一个小时也好,翻几页也好。不看书,就觉得没有完成一天的任务。"读书,一个老生常谈的话题,我们都知道读书的重要性,但是能坚持下来的人并不多,或以没时间自居,或以读不懂为由。"读不在三更五鼓,功只怕一曝十寒",我们要多读自己喜欢的书,并且脚踏实地持之以恒,这样才能逐步提高我们的阅读兴趣。读不懂的地方更要多读,有道是:"读书百遍,其义自见"。即使读的时候一时间不了解,多少也会有所教益。

作为一名现代地勘人,我从《温家宝地质笔记》中汲取了很多对学习、工作和生活的认识。从今往后,我更会认真细致地对待学习,一丝不苟地对待工作,坚韧不拔地面对困难。所谓"不积跬步,无以至千里",生活没有捷径,我们也曾被肺腑之言激励过,但在成长中却越来越多地考虑自己的利益。我们注重个性张扬,维护个人权利,为自己的利益而努力追求,淡忘了从小一直教育我们的理想和使命。和温家宝及老一辈革命家比起来,我们缺少那种为老百姓谋福利的境界,那种为了祖国的强大而忘我工作的精神,那种纯真报国的情怀。作为一名现代地勘人,生活在相对舒适的环境中,更应该具有强烈的社会责任感和忧患意识,应该具有深刻的洞察力和理性的思考,既要仰望星空,又要脚踏实地,认真读书,勇于实践。在对个人价值的追求中,应该把个人价值的追求放在一个更大、更高的层面上,那就是为了他人,为了社会,为了民族,甚至是为了全人类贡献自己的价值。

(2017年10月)

我与地质结缘

·袁 静·

第一次接触"地质学"这个名词是我收到大学录取通知书的那一天,那一瞬间我的心情经历了一个一百八十度的大转弯。收到"211大学"录取通知书的喜悦完全被"地质学专业"这个陌生的名词给葬送了。我报的那些专业为什么都没录?"地质学"是什么东西?从未听说过,那时候网络也不像现在这么发达,周围的人也都不了解。因为陌生,让我心生抗拒,心想这一定是一个冷僻、无人问津的专业,"不读了,再复读一年。"我对父母说。父亲经多方打听,才知"地质学"是"长安大学"排名前三的专业,还算是不错的,不过因涉及到野外作业会比较辛苦,对女孩子来说也不太适合。经过一番思想斗争,我决定还是去试试,毕竟能考上重点大学我也付出了许多努力。

入学后,我逐渐发现"地质学"并不像我起初想象的那么高深、玄妙。记得接触的第一门专业课是《普通地质学》,跟我们高中学习的地理有一些类似,介绍我们平时所见到的一些地质现象,如:我们生活的地球是由什么组成的,高山、平原、河流又是怎样形成的,我们平时所见到的岩石是从哪里来的,为什么会有海啸地震,等等。我发现这些知识简直太有趣了,它们打开了我重新认识世界的大门,从此我眼中看到的高山大海已不同于以往,我知道了更多,我真正理解了"沧海桑田"不只是文学上的感慨,它是自然界正在发生的事实,现今的高山在

作者简介:袁静,女,河南项城人,浙江省第十一地质大队地质工程师,从事城市地质、海洋地质、岩矿鉴定等工作。

很多很多年以前可能就是大海。

　　随着学习的深入，我对"地质"的爱也逐日递增。"地质"不仅能够教会我们认知自然，也为国家的发展和人民的生活提供了最基本的物质和安全保障。地质人发掘各类金属、非金属矿产保障了国家经济的发展，满足了人们衣食住行的需求。运用地质知识，对各种地质环境条件、地质灾害的勘察，帮助人们更有效地避免灾难和利用自然赋予我们的资源。"地质学"是多么实用、有用的学科！我的学习热情倍增，几乎各门专业课都能拿到优异的成绩。

　　为了让自己的基础更加的扎实，获得更多、更全面的认识，我报考了中国地质大学的研究生继续深造。中国地质大学是我国地质学的最高学府，有着地质学领域最优秀的老师和实验设备，前国家总理温家宝就是中国地质大学毕业的校友，当时学校里流传着许多关于总理的优秀事迹，直到2016年《温家宝地质笔记》出版，我才真正感受到榜样的力量。一页页工整的笔记，每一张认真的素描，都让我感受到了老一辈地质工作者实事求是、追求真知的精神。中国地质大学的优良校风感染着我，各位老师、校友高尚的品德、卓越的成就激励着我。三年的研究生生活让我的基础更加扎实，视野更加开阔，了解了国内外地质学前沿知识，学会了做科研的基本方法，这些都让我信心大增，成为一名合格的地质队员，我已经做好了准备。

　　2010年我进入浙江省第十一地质大队，正式开始我的地质队员生涯。女生的身份让我在实际工作中确实有些受挫，与男生相比，体力较差，不适宜长期野外工作，有了家庭后，又不得不尽到母亲的义务，培养和照顾孩子，这些都导致我与男生相比缺乏野外实地工作的机会。过去读书时的优势不在，时间一久，越来越多冗杂的行政性事务占据了我的工作时间，过去所学的那些知识技能还未来得及实践就已被抛诸脑后。但时常心有不甘，感觉这不是我想要的生活，那份初心——对地质工作的热爱时刻召唤着我。我尽量多地参与一些专业工作，留心学习专业知识，队上给我安排的岩矿鉴定工作，虽然工作量不多,我始终保持认真的态度,努力精进技能,为项目提供支撑。2018年大队批准了我调入海洋地质勘测院工作的申请,我非常的兴奋,因为有了更多参与专业工作的机会。我参与了《温州市城市群环境地质调查》《浙江省海岸带重点区综合地质调查(温州重点区)》等项目。许多知识需要重新学习,需要自己摸索,院里工作一年多,非常的辛苦,但是收获颇丰,我感觉到自己的进步,心里踏实了许多。

地质是一份艰苦的事业,对体力、脑力、精力、毅力都有很高的要求,也许尽到全力也很难有夺目的成就,但是这些都不妨碍它成为我热爱的事业,16年相伴,已让我们积累了深厚的感情,我非常珍惜这份缘分,愿与之相伴一生。

(2019年6月)

有一种微笑，最动容

· 朱长进 ·

那是中秋节放假前的一天，我与单位几位同事去温州医学院附属第一医院看望一位生病住院的退休老职工邹工。他是上世纪五十年代末从北京地质学院毕业的老牌大学生，也是一位资深的地质工程师。

在住院部的七楼，我们见到了邹工，他干瘪的身躯深深地陷入病床上薄薄的被褥之中。见我们到来，他挣扎着半躺在病床上。他看上去很羸弱，但精神很好，微笑的脸上让岁月的沟壑显得更深，像极了老人当年从事野外地质工作的山川大河。

"你们都忙得很，还专门来看我这老头子。"邹工笑着说。

大家围在床前询问邹工的病情。邹工特意提高了声音，一如往常般微笑着说："没事了，三天前动了手术，我现在是无畏（胃）之人了！"

看到大家惊讶的表情，邹工打趣道："医生说，我的胃都已经不能收缩了，我还要它干嘛？"

我偷偷看了看四周，大家都把"心疼"写在脸上。

邹工大手一挥："我这胃是老毛病了，搞地质的，没有几个人胃是好的。"

"年轻时候什么都不懂，胃一痛，就自己吃些胃药，开始几颗几颗吃，到后来整把整把吃。"老人伸出手，聚拢成斗状，表情轻松地比划着。

作者简介：朱长进，男，浙江省第十一地质大队高级政工师。

"十来天前,刚吃完晚饭,胃痛得受不了,吃多少药都不管用,心想,这次问题大了,到医院一查,这次胃又'下岗'了。"

"干地质的,不仅是胃,肠也不好啊,七年前,切除这么长一段肠子。"老人又微笑着比划着。

肠和胃的切除,在老人的叙述中,脸上看不出任何不一样的表情,仿佛在谈论着一件很稀松平常的事情。

20世纪50年代末,邹工从北京地质学院毕业后,听从祖国的召唤,投身到大庆油田的建设之中,那时候建国伊始,百废待兴,地质人才奇缺,邹工是既当将又当兵,根本不顾及自己的身体,一门心思为祖国找矿找油,这一干就是近二十年。20世纪80年代初,他调回温州,又在温州的几个大矿区干了十几年,一直到退休,都始终坚持在野外地质找矿第一线。30多年的野外地质工作,已基本消耗了他的身体,但尽管如此,老人仍不改地质队员的乐观与爽朗,无论多大的苦难与折磨,他始终微笑着。

"我过两天就出院回家过中秋啦,胃切除才这么大一点小口子。"在我们起身告别时,老人微笑比划着,坚持把我们送到病房门口。

出了医院,附近中山公园里的桂花正散发着沁人心脾的芳香,园中树木的叶片在秋风中悄然飘落地上,但独傲枝头的那片片枝叶,正散发着醉人的酡红。

(2013年8月)

五月花赞

· 王晓旭 ·

有人说,地质队是男人的战场,面对一块块坚硬如铁的岩石,他们总能潇洒自如地挥洒阳刚。而我说,没有女人的地质队显得荒凉,你不见那簇簇鲜花浸润着沉寂的山岗——地质队的女人就如同那五月盛开的朵朵鲜花,灿烂地绽放,平和优雅,静静地散发着怡人芬芳。

淡淡的丁香
没有绚丽的色彩
只有淡淡的清香
没有硕大的花朵
细细碎碎
却依然盛开成一片紫色的海洋

远山上,在地质队的登山队伍里,你一定会看到她。背着地质包,拎着地质锤,娇小的身躯,坚实的步伐。她用力地敲下一块岩石,仔细地研究,不时和同伴交流心得;工作间里也有她的身影,时而低头蹙眉,时而凝神思索;报告评审会上,依然有她的身姿,逻辑清晰,口齿伶俐地回答着专家的每一个问题。她爱红妆,偶尔会在她朴实的衣服上搭上一条彩色的围巾,如此靓丽。她更爱武装,一身朴素的野外工作服是她四季不变的装扮。她,可能是才毕业的女学生,也可能是初为人母的年轻妈妈,为了所挚爱的专业,为了自己心中的梦想,义无反顾地投身地质事业,并和许多男同事一样,投入到一线的工作中去。她们也许还没有做出过值得炫耀的成绩,也许不如男同事有着骄人的体力,但是,她们有着坚强的意志,那就是,顶住压力,克服困难,挑起身上的担子,完成自己的任务。她们,如同朵朵丁香,淡淡的香,内敛的美,毅然地迎接着风风雨雨,也笑待那雨后天边的彩虹。

夺目的红掌
无缘作谁的红颜
自熬透青春的脸
我青涩的心
是我的诚恳
我红的容颜
是岁月给我的回馈

地质队绘图的姑娘们,就犹如这朵朵红掌绽放。不论节假与休息,无休止地面对着直线、曲线、圆圆圈圈、圈圈圆圆,放大再缩小,缩小再放大,填写数据,去除数据,繁琐机械地完成着一件又一件如同艺术品一样的工作图。巨大的工作量,长时间地对着电脑,姑娘们的眼睛都熬得红红的,俊美的脸上也冒出了一颗颗小痘痘。但是只要经过绘图室,永远都是那一排排挺拔的背影,偶尔从繁忙中转过头来莞尔一笑,诠释着姑娘们那最无私最美丽的情怀。娇艳的花儿,看不出她的妖娆,印入心底的是那绰约的风姿。

温婉的海棠
当最后一缕红妆褪去
你不改初衷
你说你出发的地方
才是你梦的起点
我明白了你
你是温婉的海棠
要把梦想播洒在这灿烂的季节里

地质队的财务室里,有着许多的女孩子。她们心细如丝,修长的手指在键盘上飞舞着,一个个数据似精灵一样闪动在显示屏上;她们不厌其烦地把一摞摞的票据整理得井井有条;她们一遍又一遍地核对数据,整理报表,不允许自己有丝毫的马虎,那是强烈的责任感和使命感在心中激荡。美丽的脸上看不到焦躁和苦闷,只有清新的靓丽伴着温和的笑容,似绽开的海棠,背负着心中沉甸甸的未来。

  时尚的黄玫瑰
  快乐灵动的你
  追逐太阳的光芒
  满怀一身热情
  在五月的天空下
  肆意地绽放

  她,爱运动,好时尚,工作之余更主动去学习外语;她,大大的眼睛,笑着闪出个大大的酒窝,热情又奔放;她,飒爽英姿,曾在军营中摸爬滚打,练得响当当的跆拳道;她们,整材料,投标,理报告,换资质,文书、秘书、公关样样拿得起。辛勤的汗水,似朵朵黄玫瑰上晶莹的露珠,那该是青春最闪亮的光芒。

  优雅的百合
  春天的风
  携着梦的憧憬
  轻柔地吹来
  山谷中那娇美的生命
  舒展开淡然的颜色
  静静地聆听
  这一季的风情

  曾经地质专业科班出身的她,风风火火地奋斗在一线,和小伙子一样爬山,一样负重,因为不好意思被看笑话而几乎整天不喝水;她,在单位搞行政工作,身负几个担子,写文章,开会,打杂,习惯熬夜加班,甚至她的孩子也因为跟着妈妈加班认识了她所有的同事。如今的她们,转到了单位的管理层,却依然不改地质本色,做起事来大气、执着,有着巾帼不让须眉的气度;如今的她们,还要照顾幼小,打理家庭起居,家里家外的事情都安排得井井有条。偶尔,她们还会说起那段苦并快乐着的地质工作经历,也曾憧憬着在自己的专业上有所突破,有所成就。这就是她们,闪亮地出场,淡然地回归,演绎着知性而优雅的现代女性。

>执著的太阳花
>只听别人说起过
>只要一颗种子
>一点水
>就在那炎炎的夏日
>装点了整个酷暑

在地质队的院子里,更多的是这样的一群女子,她们每天独自接送孩子上学,每天陪着老人在夕阳下散步,在那条熟悉的小路上总有她们孤单的身影在向远方眺望,所有这些只是因为她们嫁给了地质郎。"好女不嫁地质郎",因为地质人常年工作在外,地点漂泊不定,把妻子一个人留在家里,既要服侍老人,又要教育孩子,还要独自忍受着内心无依无靠的落寞。即使这样,还是有这样一大群女子,毅然决然地嫁给了地质郎,因为她支持心爱的人从事他所热爱的工作,把美好的青春连同对他的爱一同献给了宽广雄厚的大地。她的生活注定要少了些欢笑,多了些沉重;少了些享受,多了些辛劳。可是,她有着多么美好的希望和未来,他是她的太阳,追随他的方向,在黄灿灿的花儿里埋藏着珍珠一样的种子在悄悄长大。

女人如花,花儿似梦。在我们的身边更多的是平凡至极的女子,她们是努力的同事,辛劳的母亲,贤惠的妻子,似没有名目的小花在这平凡的世界里静静地绽放。兰花高洁,翩翩潇洒,令人心生爱意;梅花孤傲,凌寒怒放,令人心生敬意;朵朵无名的小花,烂漫芬芳,满目清爽,也令人心生敬意……我也是这大花园的一朵花,或昙花一现,或岁岁报春,我都充满感恩,我紧挨她们,与她们一起簇拥无限的春光,如同静谧的梦,那么甜美。

愿世间女子,都在美好的春光下,像一朵朵花儿,或高贵,或清雅,乐观积极,拼搏向上,伴着醉人的春风舞出自由性感的探戈……

(2010年5月)

过往的三年,让我的地质梦更坚定

· 王福平 ·

过往的三年,平淡中不乏跌宕起伏,那就从毕业那天说起,也就是三年前的今天。

依稀记得,那年的今天,已经在家准备好了去浙江省第十一地质大队的衣物,塞了满满一箱子。那时还没有动车,只能选择普通硬卧或者硬座,要十几个小时,一天下来,挺累的。到达的第二天,便早早地跑到单位办入职手续,并被分入综合测绘院。分入测绘院一分院之后,认识了很多老师傅,有豪哥、张工、周总、黄老师、徐老师等。那时一股子猛劲,啥都干,爬十来米高的挡墙,穿着防水服在1米多深的水坑里放样,根本不觉得累,干完笑哈哈。

2016年,做得最有意义,可能也是入职这三年来最自豪的一件事,就是在国庆休假期间赴丽水遂昌苏村参与应急救援。当时懵懵懂懂,根本不知道应急救援是什么概念,反正就觉得是件无比光荣的事,心想着,听从安排,义无反顾,认真干好。10月20日晚,我们到达灾区时,各路救援队伍正陆续从四面八方齐聚苏村,第一次感受到"一方有难,八方支援"的凝聚力是这么的强大。次日一大早,我们应急小组的施辉能、石丁丁、邹思雄三人,被选上编入"十八勇士"突击队,奔赴滑坡山体执行重要任务,现在想想还是挺后怕的。在应急救灾期间,又认识了一大批战友,七大队的同仁们。直至整个应急救灾任务圆满完

作者简介:王福平,男,江西吉安人,浙江省第十一地质大队助理工程师,从事测绘与地理信息技术工作。

成,共计二十五天,吃住都是在山上的帐篷里,根本不觉得什么是苦。从苏村救援回来,一下子就成了万众瞩目的焦点了,各种荣誉接踵而至。其实我们干的就是本职工作,在人民需要的时候,冲在前,担责任,不就是我们地质队员的初心吗?!

从苏村再到温州,从外业再到内业,转眼间半年时间又悄然而逝。先是参加工业用地调查项目,再被派遣到不动产中心学习三个月,工作难度先易后难,慢慢地走上了制图员之路。制图员之路漫长,从小事做起,管线图打了将近一个多月,有时候一天打了将近七百张图纸。后面偷偷给阿鹏哥发微信,渴望派些有难度的项目。然后的然后,就一发不可收拾地恋上了加班。这样也挺好的,技术提升快,团队加班有苦也有笑。

2018年开始了测区之行,在藤桥做农经权项目,认识了"胖子",至少在我眼中是个"牛"人,各方面能力都是自带天赋加成,自叹自己还得再苦学几年,才能赶得上了。2019年,开始了地形更新项目之旅,这次轮到我肩扛大旗了,瞬间感觉自己被压得喘不过气,身体好比挂在悬崖边上,手还紧紧地抓住最后一块裸岩,稍有不慎,就可能前功尽弃。所以,努力吧。

两三载,似白驹过隙,有苦有累也有甜,有悲欢离合,也有欢声笑语,工作中幸福的瞬间,依然在脑海中幕幕浮现。

红色七月,我给自己定了个小目标:不忘初心,砥砺前行,坚持、自律、付出,把工作做好,不负青春!

(2019年7月)

抬头就是蔚蓝的天空

· 仓 飞 ·

深秋时节,天气凉爽,阳光暖而不烈,雨水少且不过夜,这不仅是一年中丰收的季节,也是我们地勘人开展野外地质工作的黄金时段。在这般金色的日子里,2013年度暨第五届局系统地质技术比武活动在丽水市松阳县圆满落下了帷幕,来自全局9家兄弟单位的54名年轻地质技术人员"沙场点兵",先后参加了地质理论知识测试和1∶2000地质草测填图等两个项目的角逐。

我有幸代表十一大队出征此次技术比武活动,激动之余,深感重担压肩。依照此次活动的要求,参赛选手必须是2008年以后参加工作的年轻地质技术人员,虽然我们6位选手中唯有1人有过此类参赛经验,但是凭着80后初生牛犊不怕虎的闯劲,大伙的斗志反而更加高昂。开弓没有回头箭,为了全力备战此次技术比武,大队领导高度重视,不仅安排了一间较大的会议室供我们集中学习,还专门收集并购买了成套的变质岩手标本,供我们观摩,同时还请队内的前辈们对我们进行深入细致的专业技术知识专题指导培训及野外技能实地训练。大伙也越发用功,一头扎进书海,争分夺秒、比学赶超,就连走路吃饭的时间都花在温故知识点上,几乎就没有好好睡过一个囫囵觉。

比武活动的两天时间一闪而过,我们凭借着十一队地质人高昂的斗志、较高的技术水平、良好的团队合作和临场发挥,以与第二名只有0.5分之差的好成绩位列局系统团体第三名。曹立书记勉励大伙,要

作者简介:仓飞,男,工程师,现主要从事海洋地质、城市地质调查工作。

将这份荣誉化为日常工作中的动力,继续鼓足干劲,力争上游!周洲强总工夸道,看了这么多支队伍的表现,还是觉得我们队图填得最好!

然而当比武活动的帷幕缓缓落下,站在领奖台上捧着团体第三名奖牌,耳边响起祝贺与鼓励掌声的那一霎间,脑海中浮现的却是七八个昼夜全身心投入、技术专家们悉心指导、队友间相互帮助与激励、临行前队领导殷殷叮嘱和同事们衷心祝福的帧帧画面,忽然间有点高兴不起来,甚至有些懊恼,后悔我们只得了第三名。

这次技术比武,一路走来我感触颇深,首先要衷心感谢队领导的充分信任,为我们提供了这么好的一个技术交流平台,它不仅使我们的专业知识及技能得到检验与提高,也再次唤醒了我们良好、公平的竞争意识,同时也是一次展现、证明自己的机会。此外,这次比武活动不仅给我们年轻技术员与兄弟单位间联络感情创造了和谐氛围,还提供了培养团队精神与协作、相互借鉴与学习的良机。虽然时间短暂,但是每天的点点滴滴,每句简单的问候,都时时感动、激励着我,使我深深地感受到局、队领导及前辈们给予的支持与信任、理解与关怀。虽然时间短暂,汗水与辛苦交融,但是在收获经历与学识、友情与关爱之后的畅快淋漓,让所有的付出都变得那么有意义,那么值得。

"抬头就是蔚蓝的天空,迈步即是宽阔的大道"。这句话一直牢牢地刻在我的内心深处,不断激励着自己。其实,最美的是过程,最渴望的是结果,最漫长的是等待,最后悔的是错过,我希望自己能够在踏实干好本职工作的基础上,力求取得突破和实现创新。因为我始终坚信,只要我们努力在今天,单位的明天才会更加灿烂辉煌!

(2014 年 1 月)

第三篇
山水之间风景美

地质队员童趣未泯，为踏勘路上
偶遇的小蘑菇留影

新疆天山

天山雪莲花

泰顺廊桥

雁荡山

雁荡山世界地质公园灵峰景区全景(万献波摄)

楠溪江狮子岩景区(雁荡山世界地质公园管委会供图)

矾都之行

· 于 春 ·

浙江苍南矾山镇明矾石产量占世界总产量的 60%，被称为"世界矾都"。今年雨水较多，从过年之后，一直连绵不绝，早把人憋坏了。今天是一个难得的晴天，又正好是星期天，我们一行七人从温州出发到矾都，释放一下心灵。

我们刚跨入矾山镇就被四周光秃秃的山坡惊到了。由于矾山镇开矿历史悠久，而且采炼一体化，许多有害元素把山上的花草树木都杀死了。一些山坡上还能看到黑漆漆的洞口，那是采矿给大地留下的伤口。我们看到这一幕，都觉得矾山镇没有什么好玩的，准备掉头回去了。导游苦苦相劝，告诉我们矾山镇已经找到了新方向，并拍胸脯保证，一定有惊喜等着我们。我们将信将疑，才继续前进。

当我们站在矾山矿石馆面前，便深深地被大自然的神奇震撼了。数千种矿石标本，整齐有序地摆放在大厅之中，让我们眼花缭乱。一进门是两棵高大的硅化木，树保持着完好的外形，却完全石化了。这是数万年前的树木，在特殊的环境下，变成了化石，非常具备研究价值和观赏价值。我们伸手轻轻地触摸树干，仿佛感受到了远古的气息。在硅化木的后面，沿着墙壁整齐地摆放着明矾石、萤石、独山玉、和田玉、缅甸玉、叶蜡石、水晶、黄铁矿、金矿、银矿等标本。这些矿石标本把大地深处最美丽的一面展现在世人面前，让大家真正看到了大自然

作者简介：于春，男，贵州天柱人，地质工程师，就职于浙江省第十一地质大队，爱好文学。

的神奇。大自然不是苍白的，而是美丽动人的；大自然不是贫穷的，而是富有的。

矿石馆存放的标本都是矾山镇矿工外出到全国各地开矿收集回来的。矿工们有一个共同的约定：每一位从矾山镇出去的矿工，每到一个地方开矿，必须带回来一块当地最美丽的矿石，这才有了今天的矾山镇矿石馆。我们被矾山镇矿工们爱家乡的行为深深地感动，纷纷为他们竖起了大拇指。

矿石馆的对面就是奇石馆，一块块千奇百怪的石头，大小各异，被人们从各个角落收集过来，清理上蜡，摆放在大厅。有的像月亮，有的像松树、有的像飞鸟，有的像奔马……奇石馆再次展现了大自然的神奇。这些奇石像是大自然的工艺品，把世界装点得有声有色。

我们参观完了矿石馆和奇石馆，最后来到了矾山博物馆。一幅幅清晰的图片展现了矾山的开采历史；一件件工艺品，展示了矾山明矾石的神奇。矾山开采已千年，具备深厚的历史气息和文化气息，人们通过博物馆了解到矾山的过去，对矾山人民的苦与乐深有体会。而且博物馆展示了矾山开矿的详细步骤和方法，让人们对矾矿有了一个清晰的认识，知道了明矾石的来之不易。

我们观赏完了矾山三馆后，朝矾山镇西南行走，准备参观千年古镇福德湾。福德湾位于矾山镇西南，始建于明洪武八年（1375年），是矾矿变迁发展的记录者，是矾矿千年沉淀留给后人的一笔宝贵的遗产。福德湾依鸡笼山而建，本是矾矿工人行走的道路。过去，矿工们在这条古道上来来回回，双脚把大地打磨，汗水把大地浸湿，硬把荒芜的山坡压出了一条宽3米的街道。有了街道，慢慢地有人摆摊卖东西，让过往的矿工在劳累之时能够填饱肚子，能够得到片刻休息。这就是福德湾古街的雏形。

福德湾也是提炼明矾的主要场地之一。矿工们从矿洞之中采集原石，运输到此，进行加工，提炼出清澈透明的明矾。他们一直遵循《天工开物》所记载的"水浸法"炼矾技术，沿用"焙烧、风化、溶解、结晶"四道工艺。千载之后,福德湾留下了大量矾矿遗址,成为了一笔宝贵的遗产。

我们进入福德湾之后,入眼处是两个又大又高的砖窑,高高的烟囱直耸入云。矿工们采集来的原石放入砖窑,熊熊烈火让石头进行了蜕变。虽然砖窑的火已经熄灭,甚至在台风影响下有些损坏,但是我们站在砖窑的前面,依然能够感受到炙热的温度,把我们的心也变得火热起来,都特别想了解明矾石的前世今生。我们把眼睛移动到砖窑对面,是一处木制结构房屋,房屋内并无房间,而是一块空地,这就是晾晒明矾的地方了。木屋在岁月的侵蚀下,变得有些摇摇欲坠,但是我们一点也不在意,反而更兴奋,使劲睁大眼睛观察着房屋的每一个角落,看得入了迷,仿佛看见了当时矿工们晾晒明矾忙碌的身影。一块不起眼的石头,在经过煅烧、晾晒、溶解、结晶,就能变成透明的明矾石,这是多么的神奇。我们迫不及待地了解提炼明矾的另外两道程序,却非常可惜,因岁月久远,这两种场地废弃太久,福德湾还没有开放。如果想要观赏,只能到山下的矾山镇。

我们还没有来得及惋惜,又被古色古香的福德湾古街吸引。一条蜿蜒起伏的古街展现在我们眼前。地面是青色石砖,整齐有序地从山下一直铺到山顶,两侧房屋为砖瓦结构,或者石瓦结构。石瓦结构最有历史气息,建造房屋的石头就是矿山之中开采出来的废石,颜色呈暗红、褐红,有些就是明矾石的原石。古街一片静谧,像一位温柔的女子,正在轻轻地召唤着我们,让我们不自觉地加快了脚步,扑入了她的怀抱。街道两侧房屋都是店铺,售卖着各种各样的工艺品。有福德湾特产肉燕、有透明的明矾石及明矾石做成的工艺品,让我们眼花缭乱。

斜阳从窄窄的街道上空落在青石板上,古街更加有了韵味,我们早已经等不及,争先恐后地跨入古街。一股沧桑的历史气息迎面扑来,让我们感受到了古街浓郁的历史气息。我们站在无字碑前,触摸着冰冷而有温情的石碑,知道了矾矿开采的历史和变迁发展;我们喝着郑氏的"爱心茶",感受到了矾山人的热心与淳朴;我们品尝着矾山肉燕，体会到了矾山人的勤劳与智慧；我们走进狭窄的"微缩馆"，内心深深被震撼，老矿工朱善贤夫妇用双手打造出一座美轮美奂的微花园，他们的毅力和大度令人惊叹；我们站在山顶邮局，再次感受到来自明矾的魅力，五颜六色、形态各异的明矾晶体，摆满了整整一屋子，把我们的双眼都迷住了，再也挪不开。

古街不长，也不宽，在我们心中却宽敞无边，充满了历史气息和文化气息，承载了矾山一代代人的汗水和泪水。一趟福德湾之旅，让我们收获良多，真想与古街融为一体，与她一起见证历史的变迁与发展。

矾都在矿山危机之后找到了新的目标，充分发展自身优势，建设出各有特色的矾山三馆，让矾都再次获得了新生命。矾都不再死寂一片，而是变得生机勃勃。

（2019年3月）

雨后,松阳踏春随笔

• 金纬纬 •

彻夜的大雨过后,晨起开窗,一股冷风扑面,夹杂着清爽的湿气,万物焕然一新,鸟儿欢快地叫着,三两群从房檐轻飘滑翔直上。放下一切的烦恼事,怀着一份简约的心情,踏青丽水松阳,开始了一场心灵流浪。

一天的时间总是紧张的,队伍选择了松阳比较有名的几处景点。第一站便是大木山骑行茶园。茶园位于县城新兴镇横溪村,是松阳生态茶园的典范,景区核心区面积有2300余亩,骑行车道便藏匿其中蜿蜒而开。

旅游车抵达松阳,眼前路边已是绿意盎然,茶农们带着竹篓帽,穿着采茶服,正忙碌着,茶树间隔挂有一张黄色卡片,于是好奇询问导游黄卡片的用处。导游是个精神气十足的中年男人,他解释这是为了吸引虫子,虫子喜欢黄色,停靠上就会被粘住。他自豪地说,松阳的茶园都是纯天然有机的,不打药,绿色得很。哦,原来黄色会吸引虫子,看来踏春的时候要注意避免穿黄色的衣服了,被虫子围绕是件恼人的事!

在车上我就幻想着一边骑车,一边欣赏茶园的风景,耳边的风徐徐吹来,十分惬意。不过2个多小时的车程,到达目的地时已近中午,倦了的我还是放弃了骑行打算,改坐游览车。看着身边选择骑行的人

作者简介:金纬纬,女,浙江温州人,会计,就职于浙江省第十一地质大队。

还是挺多的,忽觉就这么轻易放弃这个难得的体验,确实有点遗憾。

虽说3月底的温州已经回暖,但在游览车上还是被冷风吹得一颤,不过这冷风中没有城市的喧杂,只有乡间的质朴,更载着满满的春之气息。随着游览车的前行,蜿蜒曲折的骑行车道,错落有致的凉亭,一一展现眼前,这些人工景致,恰到好处地点缀在茶园之中,引得不少游客驻足赏景拍照。

进入茶园,映入眼帘的是一望无际的茶树,油绿油绿的。因为下过雨,远处的山顶上飘绕着白色春雾,就着茶树和泥土的气息,伴随着呼吸,格外清甜,沁人心脾,让人不由得静下心来细细品味,才不觉得有所辜负!茶园有的呈梯田型,有的是丘陵状,有的又如在平地,连绵起伏,层层叠叠,蔓延开来。园里种着品种各不相同的茶树,到处可见辛勤劳动着的茶农的身影。茶树枝叶在微风中舞动,好像是在向游客招手问好,热情欢迎。

游览车进入景区内茶文化长廊以及游憩平台,这是一个公共茶空间和两个独立庭院组成的茶室,建在湖边五棵梧桐树旁,面山临水,湖水似一面镜子,把周围景色一点不落地倒映在其中,形成对称的风景,很是奇妙。兴奋的我们急切得奔向油画般的风景中。

在茶香四溢、景色宜人的茶园里漫步,宛如在碧波中徜徉,没有高楼屋宇阻挡,可将连绵的茶田、密布的水库尽收眼底,郁郁葱葱,青翠欲滴。不少茶树已被采摘,据茶农说,明前茶是茶中佳品,但是生长速度慢,产量很少,就有了"明前茶,贵如金"之说。茶园中还种着不少桃树,经过雨水洗礼的桃花开得虽少但也更加出彩,大有抢茶树风头的劲儿。

漫步到山顶的凉亭,只见山峰之下,一层层山坡一层层绿,茶树密密地生长着,像泼了油彩般,那样泛彩,那样醉人,令人想起温润的碧玉,绿得透亮滴水。

我回到游憩凉庭,品尝了一碗清茶。虽然在茶园内没有精致的泡茶用具,只有一个普通的大碗,但茶叶在滚烫的热水中舒展开来,散出茶香，微苦清爽萦绕舌尖，配上一块精致的糕点，也舒缓了旅途带来的困倦。

午餐过后，我们来到了位于松阳乌井村的黄家大院，据说是当地望族黄氏家族的住所。院内建筑木雕的质量和数量在丽水十分罕见，而且还用了大量珍贵木材，雕工精湛，堪称木雕艺术小型展览馆。一路进村，看到黑瓦白墙的黄家大院，那白墙是封火山墙，虽然里面是木制建筑，但外观上根本看不出一根木头，一组高低错落的马头墙翘首耸立，气宇轩昂。进入大院内，一幅幅精美绝伦的木雕嵌联串结，既浑然一体，又独立组图。每根柱子上都雕有灵禽异兽、奇花异草，大伙一边拍照摄影，一边惊叹这美轮美奂的木雕艺术。

最后一站是有着"东方比萨斜塔"之称的延庆寺塔，当然这个倾斜是因为上千年风雨的洗礼，塔身已倾斜2°12″，偏心距一米多。步入塔院，一条鹅卵石大道铺至塔底，两边树木郁葱，前面就是那座阁楼式砖木结构的斜塔，可惜只能上至二层，而且人数还有限制。塔上空间狭小，楼梯尤其狭窄，仅容一人勉强通过，而且特别陡。延庆寺塔是浙西南地区最古老的木构建筑，最早列入国家保护的丽水古建筑之一，它见证了松阳作为千年古县的历史。

行程结束已是下午5点多了，和煦的阳光穿过厚重的云层洒向大地，仿佛预示着春天的刚刚开始。回程的时候大家都在谈笑风生，分享着自己拍的美照。久违了的出行啊，是这样的兴奋、欣喜，尤其在春天这个美妙的季节里，让禁锢的心跟随自己去流浪，去找寻纯真的自我，时刻提醒自己记得在这纷乱繁杂的世界中坚持不变的初心，或许这就是旅行的意义吧！

（2017年4月）

夏末的平潭岛

• 陈丽丽 •

在强热带风暴"康妮"和冷空气的共同作用下,温州市的高温天气终于回落至30℃以下,让我们比往年提前感受到秋意。8月31日早6:30,虽然天空还飘着细雨,但丝毫没有消减测绘院职工对即将开始的平潭岛之旅高涨的热情,大家满怀欢欣地登上开往福建平潭的大巴。

"平潭岛,别称海坛岛,简称岚。她可是福建省第一大岛,中国第五大岛。平潭东临台湾海峡,与台湾新竹相距仅68海里,是祖国大陆与台湾本岛距离最近的地方……"一路上,导游兴高采烈地给我们介绍平潭岛的历史文化和风土民情。

当大巴缓缓驶上福建第一大岛跨海大桥——平潭海峡大桥,我们的平潭之旅也真正开始了!透过玻璃窗,远远就能看见那些直径80米的乳白色风车,错落有致地排在道路的两侧,像高大的勇士随风缓缓有节奏地转动那长长的手臂,仿佛在欢迎我们的到来。

午餐后,雨也停了,天空渐渐亮了起来,只是风还带着凉意。从宾馆驱车十来分钟,便到了龙凤头滨海浴场——目前国内最大的海滨浴场之一。这里的海滩既平缓又开阔,海岸线很长,沙子很细,海水很蓝,美得让人觉得不真实。虽然海边的风很大,吹得人都有些站不住脚,但是男同胞们还是按捺不住,马上换上泳装,踏沙拥浪前行,享受

作者简介:陈丽丽,女,浙江温州人,就职于浙江省第十一地质大队,测绘与地理信息工程师。

与海浪相搏的乐趣。沙滩上到处都是欢声笑语,有相互追逐的,有堆沙雕的,有冲浪的,尽情地享受着大海给大家带来的乐趣。

第二天的行程是将军山和半洋石帆。

将军山原名老虎山,坐落于平潭海坛国家风景名胜区青观顶片区,东临海坛海峡,与台湾岛隔海相望,背依海坛岛腹地,连接着坛南湾旅游度假区,1996年4月为纪念当年初春三军联合作战演习而改名将军山。该山海拔104米,面积约1.1平方千米,山势临海而起,险峻陡峭,巨岩交错,怪石呈奇,盘根错节,佳境迭现。凭借这一独特的地理优势和军事天险,1996年3月海、陆、空三军及导弹部队入驻平潭,将军山作为前线指挥所,128位将军临山督战。该次军事演习为中外所瞩目,展示了人民解放军的雄厚实力和维护国家统一的决心。爱国主义教育基地就设置在当时将军们作战指挥的山洞中,当时的器具摆设都原封不动,内有一小放映厅,我们就在这里观看了当年军事演习的壮观场景,接受心灵的洗礼。随后我们怀着崇敬的心情参观了部队为了演习而构筑的观礼台、飞机场、坑道壕沟等军事设施,其规模之宏大,蔚为壮观。我觉得这些军事设施不仅有着很高的观赏价值,而且具有重大的教育意义,实属难得一见的人文景观。

我们从看澳村岸边坐渡船,十几分钟就到达礁石上。整个礁石像一艘大船,两块巨石像两面鼓起的双帆,似乎正在乘风破浪前进。这就是传说中的半洋石帆,世界上最大的天然花岗石风化造型。它的奇特壮观,对游人有着强烈的震撼力和吸引力。清朝女诗人林淑贞诗赞:"共说前朝帝子舟,双帆偶趁此句留;料因浊世风波险,一泊于今缆不收"。

快乐的时光总是显得特别短暂,我们即将踏上回温的路程,心中难免有些不舍和伤感。天空仿佛会读心术,一扫昨日的阴霾,变得蔚蓝无云,阳光明媚,我们的心情顿时也跟着窗外的风车旋转起来。一路上,大家谈论着旅途中的趣事,回味着昨晚品尝的平潭小吃,在轻松惬意中结束了这次愉快的平潭之旅。

(2013年10月)

鼓浪屿上的历史印迹

·王长江·

白露节气至,天气稍稍凉,无霜也无露,秋高正气爽。第一矿勘院组织的厦门三日游就安排在这个初秋时节。说好9月7日乘坐早上8:00的动车去厦门,很多人欢欣满怀,急不可待,七点来钟就全聚齐在车站了。

说起厦门,最有名的要数鼓浪屿,国家AAAAA级旅游景区,她原名圆沙洲、圆洲仔,因海西南有海蚀洞受浪潮冲击,声如擂鼓,明朝雅化改为今名。

第二天,我们乘船上鼓浪屿游览。登上鼓浪屿,回头后望,厦门市的沿海鹭江道、演武大桥清清楚楚,大桥如虹,横越海面;大道如带,环抱厦门。

鼓浪屿上气候宜人,空气清新,鸟语花香,没有闹市喧嚣,也没有汽车呼啸。导游告诉我们,因为岛上不允许车辆登陆,不管贫穷富贵,出行基本都是靠走,当地人亲切地称她"步行岛"或"平等岛"。

在这看似远离尘嚣的孤岛之上,有很多中外风格各异的建筑物,保存得非常完好,有"万国建筑博览"之称。这里的西式建筑,大都是鸦片战争后,列强在岛上设立领事馆建立公共租界时遗留的。我们沿途经过英国领事馆旧址、日本领事馆旧址和天主教堂等,想起昔日这里是西方列强觊觎中国之所在,而今日的鼓浪屿是人人都可亲临的平

作者简介:王长江,男,湖北阳新人,浙江省第十一地质大队高级工程师,从事地质技术与管理工作。

等岛,不禁心生自豪。

跟随导游的足迹,我们还游览了八卦楼、殷宅、金瓜楼、菽庄花园等,据说这些都是20世纪初,大量富商、华侨至此建宅置业遗留下来的。这些建筑风格各异,很多中西合璧,美轮美奂,造型丰富多样,细节生动精致。我去过一些殖民时期遗留下的建筑群,如天津的第五大道、青岛的八大关等,相比而言,鼓浪屿或许是最精美的一处,每个细节都精致,每座房舍都修整得非常整洁而干净,带着一种从南洋蔓延而来的湿润而婉柔的风范。

小小的鼓浪屿上游客服务设施非常齐全,这里的餐饮店铺尤其精致,服务热情,让人不由得想进去尝尝它们各自的招牌菜式和饮品。更有许多的家庭旅馆,门口爬着青青的藤蔓,院落静谧,木制的桌椅悄悄隐入院落里的花木中,偶尔还能看到一只猫在上面睡觉。温馨素雅的气氛,让人有种想驻足休憩的冲动,只可惜行程安排很满,时间太赶,也只能望门兴叹了。

鼓浪屿已经开放供游人游览的景点很多,有毓园、日光岩、琴园等,这些地方名气很大,都是厦门旅行的必经之处。诸多经典景点中,最精致的要数菽庄花园,藏海露山,一座小小园林中,氤氲风光无限。板桥听涛,恰逢涨落潮时,更是涛声摄耳,海风拂面,直堪称"鼓浪"二字。菽庄花园兼具深刻的文化魅力,其中博物馆陈设辽、宋、元、明、清古典家具百余件,雕镂精绝,用料名贵,造型或优美或古朴。花园高处,听涛轩中,陈设西洋古典钢琴三十具,和低处的古典家具一中一西相映成趣,成为鼓浪屿的中西合璧风格集大成之体现。

而让我印象最深刻的是郑成功纪念馆,它由一幢简单的别墅改装而成,坐落在日光岩北麓僻静的一隅。正门悬挂郭沫若老先生的题匾,进门后轻轻登上二楼,最先映入眼帘的是郑成功的铜质塑像,高两米,背景是一艘战船巡游于浩渺大海。看着这座塑像,我仿佛能看见,当年收复台湾时,郑成功是何等的意气风发。纪念馆内陈列丰富,从郑成功青少年时代,到成年后跨海东征驱荷复台,以及郑成功子孙三代筚路蓝缕开发台湾,各类文献文物一应俱全。通过这些展品,可以系统地了解郑成功驱逐荷兰殖民者和收复台湾的光辉业绩。收复台湾后,郑成功在台湾设置郡县、施行屯垦、发展社会经济、传播中华文化,做出了重要贡献,至今这些功绩还影响着两岸人民。这些史实和文化上千丝万缕的联系告诉我们,台湾文化根在大陆,两岸亲情血浓于水,没有任何政治图谋、党派纷争、外部势力干预可以抹杀这些事实。

  回到厦门的轮渡码头,走在鹭江道上,向鼓浪屿望去,皓月园内的郑成功巨型石像伫立在海边覆鼎岩上,面朝大海。三百多年前,他于此处奠定事业的根基,见证了明末清初的风云变幻,而这具雕像,也见证了大陆改革开放三十年的繁荣。雕像脚下的鼓浪屿,这个在波涛拥簇中的美丽的小岛,经历了三百多年的风雨沧桑,从渔村到都市,从租界到人民的花园,以她的独特魅力,吸引了来自世界的游客,此刻也牵引着我们的心绪在这粼粼波光中荡漾。

(2012 年 9 月)

神仙居的感受

· 朱长进 ·

阳春三月,桃红梨白,正是出游的好时节。3月24日,大队女职工委员会组织神仙居一日游,并邀请几位男同事充当护花使者。

或许老天爷也禁不住女士的诱惑,一改数月阴霾的脸色,露出了灿烂的笑容。一大早,满载一车阳光与欢歌的大客车向神仙居进发。

沿着诸永高速行驶两个多小时就进入神仙居境内,此时眼前的画面立刻生动起来,车在山间穿行,山脚下金黄的油菜花、雪白的梨花、粉红的桃花争相斗艳,蔓延成一道绚丽的春色;远处的山峦也更加立体,枝密林茂,郁郁葱葱,奇峰环列,好似仙人居住其中,颇有一番仙风道骨的风采。

神仙居景区真可谓神仙所造,美景天然,人工痕迹不多,一条上山的索道尚在建造之中,我们只好沿着弯弯曲曲的幽谷,踩着鹅卵石铺就的小道,听着清脆的鸟鸣缓步而入。早春时节,山峦的色泽是那么的丰富,嫩绿的、葱茏的、苍劲的……一阵山风吹来,扑鼻而来的是阵阵野草混杂着泥土的气息。及至景区深处,只见飞瀑连环,溪随路转,瀑从天降,如顽童泼墨,横生妙趣;众山巍兀独立,山崖陡峭,险峻无比,犹如刀切斧削,形态各异。

我们满怀猎奇,争辩着山石形象,时而困惑不解,时而豁然开朗。那将军岩,英俊挺拔,眉宇间带着威严,又似乎夹杂着些许爱怜。顺着将军凝望的目光,一位妙龄少女正仰靠在对面山崖上,她媚态万千,眺

作者简介:朱长进,男,浙江省第十一地质大队高级政工师。

望将军,强忍相思之苦,期盼将军早日回家团聚。这一幕不由使我想起地质人的生活,地质人为了找寻地下宝藏,长年工作在野外,而对于家人,只能把满腔的思念强压心头。神仙的确是先知先觉的,在造化自然山水的同时,也淋漓尽致地展现了地质人的生活情怀。

用过中餐后,大家去观赏油菜花。金灿灿的油菜花,使得空气中都弥漫着一股醉人的清香。大片的油菜田放眼望去,黄灿灿的一片,仿佛是神仙铺设的百里画卷。勤劳的蜜蜂在花丛中辛勤地劳作,用它悦耳的歌声欢迎远道而来的宾朋。

据导游介绍,由于数月的连阴天气,今年的油菜花期有些推迟,所以油菜花节也就推后了。每年举办神仙居油菜花节的时候,很多造型奇特、姿态各异的稻草人与花海为伴,让人流连忘返。今天虽然没有看到稻草人,但女同胞们穿梭花海,与花争艳,摆出各种姿势在花海拍照,真分辨不出到底是花更艳还是人更娇。我觉得此情此景比稻草人更有趣,尽情地享受着这人间美景。突然,不知谁喊了一声,"这里野菜好多啊!"顿时,好多女同事们在赏花的同时,又摘起野菜来。几位护花使者也在辨识野菜的同时,帮着采摘,不多会,那些善识野菜的女同事就采摘了一大袋,或许她们内心在想,又可以给家人做一餐美味佳肴了。

在游览完江南山区古镇——皤滩古镇后,就结束了全部的游程。一天的旅程虽然很短暂,但是这次神仙居之行,给我留下了很多不一样的感受。

(2012年)

阳春三月踏青来

• 江 伟 •

阳春三月,周末闲暇,天公作美,风和日丽,朋友一行,永嘉踏青。

三月的江南,早已草长莺飞,春江水暖,树吐新芽,杜鹃开花,到处呈现一片春意盎然的景象。当嘈杂的汽笛声在耳际逐渐远去,高楼大厦在视线中渐行渐远,路上的车辆行人逐渐稀少时,我们已经远离了城市的拥堵和喧嚣。一路笑语欢歌,一路风光美景。这让我想起了一句经典的广告词,"人生的旅途不在乎目的地,在乎的是沿途的风景以及看风景的心情"。不知不觉中,已置身于大自然的怀抱,纵情于自然山水之间,思想的纠结、身心的疲惫、生活的压力、内心的烦躁一下子消失得无影无踪,让我感觉到从未有过的惬意与轻松。

蓝蓝的天空、和煦的阳光、淙淙的流水、悦耳的鸟鸣、青青的草地、洁白的羊群……呈现在眼前的是一幅和谐唯美的画卷,美不胜收。金黄色的油菜花开满田间地头,五颜六色的小花朵零星地点缀在草丛间,山腰上杜鹃花拼命怒放,红艳得分外惹眼,春风吹过,扬起阵阵花雨,有白的,黄的,粉的……细看,白的是梨花,黄的是油菜花,粉的是桃花……远处河边杨柳的枝条,镶嵌着颗颗新芽,嫩嫩的,绿绿的,随风摆动,与河水相戏,仿佛婀娜多姿的少女,穿着绿色的盛装,披撒着满头青丝,多情地在风中舞动,向人炫耀迷人的曼妙身姿。我一下子领会了贺知章诗句里"碧玉妆成一树高,万条垂下绿丝绦"的真谛,真

作者简介:江伟,男,浙江省第十一地质大队网络工程师、信息系统项目管理师(高级)。

正见识了古代诗人的字字珠玑。其实，自然界的花花草草，山山水水，都是大地母亲美丽的儿女，虽然它们是谦卑的，但是这种谦卑绝对不是出于某种动机的表演，因为它们深爱着自己的母亲，并且爱得那么深沉，它们用美丽和色彩装扮母亲的容颜，用生命和青春捍卫着母亲的尊严与神圣，同时，它们为人类无私地奉献，给予我们生活的保障，我们人类是否应该更加珍惜我们赖以生存的最亲密的朋友，善待它们，多一些爱护，少一些伤害，和谐相处呢？

走在林间小道上，听鸟儿在枝头歌唱，阳光透过树叶的缝隙散落下来，星星点点，随着树叶的抖动，在青草繁花中跳跃。突然，一棵刚刚破土而出的春笋，让我停住了脚步，与其说是破土而出，不如说是破"石"而出。它就像刚刚出生的婴儿，看上去那么的柔弱，刚刚露出了两寸有余的笋头，应该呼吸到地面的空气才不久。但就是这么一棵不起眼的春笋，即使身处绝境，哪怕只有一缝之地、一线生机，依然能冲破一切艰难险阻，几乎是在乱石缝中将顽强的生命力演绎得淋漓尽致，精彩绝伦。它顽强生存、茁壮生长，向天空索要属于自己的空间和自由，一定要让高风亮节在空中得到最美丽的绽放，因为天空才是它的归宿。它追求自由的信念和执着让我惊叹；它顽强的生命力，不屈不挠、不畏艰难险阻的精神让我感动，相比之下，我自惭形秽。

在回程的车上，我思绪万千，心里久久不能平静，为大自然美不胜收的景色，为山间默默无闻的春笋，为那份超脱凡尘世俗的和谐与静美……我知道明天的太阳依旧会升起，生活仍将继续，在被"蚁族""蜗居""杯具"充斥的"被"时代里，有形无形的"网"无时不在。让我们在紧张、枯燥甚至是无奈的工作之余，多到大自然中去，让身心沐浴大自然的阳光和雨露，于大自然中找寻一片净土，让自然的神圣和美丽荡涤我们慵懒的躯体，过滤我们浮躁的思想，净化我们稍显浑浊的灵魂，让我们从自然中获得精神和力量，自强自立，自尊自爱，用阳光和健康的心态迎接下一个日出日落。

（2010 年 4 月）

井冈山之行

· 陈　惠 ·

9月中旬,我有幸参加了省直机关工委组织的第三期党支部书记岗位培训班,并赴革命圣地井冈山考察。在党的十七大召开前夕参加此次活动令我终生难忘。

舟车劳顿之后,我们于9月14日晚上到达井冈山,开始了红色之旅,切实感受井冈山的独特魅力。

第一天清晨,我们来到井冈山最具纪念意义的景点——黄洋界。黄洋界在井冈山北面,是根据地五大哨口之一,也是通往宁冈和湖南酃县的必经之地。车到半山腰,突然下起了蒙蒙细雨,山上山下云雾缭绕,一片迷蒙。大巴车盘旋而上,峰回路转,很快便到了黄洋界主峰。立在黄洋界之巅,俯视茫茫群山,隐约可见烟中列岫无数,翠眉相映。我们参观了黄洋界的战壕,抚摸着立下赫赫战功的土炮,听导游描述当年惊心动魄的黄洋界保卫战的情景。在黄洋界纪念碑前,很多人看着毛泽东的《西江月·井冈山》碑文念了起来:"山下旌旗在望,山头鼓角相闻。敌军围困万千重,我自岿然不动。早已森严壁垒,更加众志成城。黄洋界上炮声隆,报到敌军霄遁……"大家脸上写满了虔诚和敬意,有的举起相机摄影留念,有的远眺沉思,有的踯躅沉吟……心中都在细细回味那峥嵘岁月,久久不愿离去。

井冈山积淀了中国厚重的历史,也凝聚了大自然的匠心。大自然是慷慨的,她不仅成就了一代伟人的梦想,还用奔流不息的潺潺流水

作者简介:陈惠,男,浙江平阳人,浙江省第十一地质大队高级工程师,从事矿政技术服务工作。

赋予了井冈山无与伦比的灵性。瀑布作为井冈山最有特色的自然景观,其形态、水量和景色都堪称一绝。

五龙潭是井冈山最有名的自然景观。前往五龙潭,有人开始犹豫,觉得瀑布大同小异,无须白费力气,不如就地休憩。我不以为然,一口气跑完800多级台阶,直下碧玉潭。"碧玉"二字出自郭沫若的"一束兰花碧玉簪"。瀑布从山涧飞流直下,犹如一条白练凌空垂挂,喷珠吐玉,气势磅礴。潭下浪花四溅,珠玉弄波,水色天碧,清澈见底。看着这澄澈的飞瀑,我们都情不自禁地走到潭边,掬起一捧清凉的潭水,顿觉凉入肌骨,疲乏顿消。

翌日,我们参观井冈山革命烈士陵园,几乎每一个来到井冈山的人都会来此缅怀革命先烈。纪念堂前,毛泽东题写的"死难烈士万岁"几个遒劲有力的大字下面簇拥着花篮和花圈,纪念堂内镌刻着15 744位烈士的名字和事迹。我怀着无比崇敬的心情仔细拜读文字、图片。走出纪念堂沿着石阶往上便来到碑林,依山而建的长廊中陈列着169块名人的墨迹碑文。山顶上高高耸立着革命烈士纪念碑,形有星星之火,可以燎原之势,又有枪杆子里出政权之意。从纪念碑下来,在山的另一边,苍松翠柏间,19座斗争英烈雕塑默默地伫立在蒙蒙细雨中,毛泽东、朱德、彭德怀、陈毅、伍若兰、贺子珍……他们姿态各异,但眼中都充满了坚毅和顽强。大家围在导游周围,静静地聆听着英烈们那悲壮感人、荡气回肠的故事。

随后,我们参观了革命博物馆和革命旧居旧址群,结束了两天的行程。不知是井冈山特有的气候的滋润,还是井冈山伟大精神的感染,经过两天的跋涉,大家仍然显得非常精神、有活力。坐着巴士奔驰在新建成的井泰高速公路上,脑海中翻涌着两天来到过的山山水水。大井故居前的读书石、充满传奇色彩的常青树、浸透了红军烈士鲜血的小井医院、茨坪毛主席故居前的"红小鬼"……回望绵延群山,翻看井冈山上买来的《毛泽东诗词赏析》,我思绪万千。没有当年井冈山的精神和勇气,能有今天吗?井冈山的斗争时代虽然随着岁月的流逝离我们越来越远,但井冈山精神一定会永放光芒。我深深地感到这次井冈山之行也许是我一生中最有收获的旅行。

(2007年10月)

新马泰游记

· 熊琳璞 ·

人在连续工作了一段时间后,总觉得很疲惫,很想出去走走,放松一下心情。机会终于来了,单位组织全体员工去新马泰旅游,让我和同事们兴奋不已。

第一天,我们来到了新加坡。一出机场,我们立即被这座花园般的城市吸引住了,还误认为来到了公园。马路两边鲜花盛开,参天大树枝繁叶茂,公路、道路一尘不染,再向远处看,城市高楼林立,建筑风格各异,真是美不胜收、目不暇接。新加坡是个发达国家,堪称亚洲四小龙之一,人民的生活水平相当高,社会福利也相当好。新加坡很小,周游全国也只需要两个多小时,听导游说,原来新加坡是属于马来西亚的,由于种种原因,后来才划为两个国家。新加坡虽然小,但是法制却特别的健全,在某些方面甚至可以说相当的严厉,比如说新加坡所有的室内公共场所全面禁烟,如果你在禁烟区抽烟将会被罚款500新加坡元,在公共场所乱扔一个烟蒂要罚款1000新加坡元(1新加坡元约折合人民币5元),我想这就是她之所以美丽的原因吧。

结束了新加坡的行程后我们来到了马来西亚。马来西亚是个英联邦国家,由马来人、华人、印尼人组成,华人大约占全国人口的24%左右。导游说,华人的脑子很聪明,马来西亚十大企业家中有八个是华人。在马来西亚的华人,都会三种以上的语言,汉语、英语和马来语,有的还会阿拉伯语和越南语。吉隆坡是马来西亚的首都,是个美丽的城市,有一座标志性的建筑很引人注目,那就是双峰塔,远看二座塔直插云霄,巍巍矗立在吉隆坡的市中心,它曾经是世界第一高楼(现在被台北的101大厦超越了）。

到了马来西亚不得不提云顶——世界第二大赌场，仅次于美国的拉斯维加斯，这个赌场是一位叫林梧桐的华人开的，是马来西亚十大企业家之一，已有九十多高龄。起初我以为赌场没什么的，其实不然，赌场建在海拔6000多英尺高的山顶上，远远望去，好几幢高楼矗立在山顶上，像个空中城市，山上云雾缭绕，犹如海市蜃楼。我们坐巴士驱车前往山顶，盘山公路蜿蜒曲折。国内的盘山公路一般都是二车道，可这里却是宽敞的四车道，车开到半山腰，可以坐缆车上去。到了山顶，凉风飕飕。展眼看去，宽敞的大厅就像火车站的候车室。山上有银行、商场、美容美发店、健身房、游乐场等，这里有着世界上最大的酒店，有6300多间客房，人在其中仿佛置身于迷宫。这里最主要的最大的还是赌场，吃过晚饭，导游就带领我们到了最顶峰的赌场，我们去赌场只是想见识一下世界闻名的赌场的壮观场面。果然名不虚传，宽敞的大厅里人头攒动、人声鼎沸，来自世界各国的赌徒们正在忘我地赌输赢，有的为自己的赢而喝彩，有的为自己的输而叹息，有的双手合十在祈求好运，各种表情一览无余。我们同去的有几个人也跃跃欲试，想碰碰自己的运气如何，第二天问他们战况如何，个个都摇摇头。赌博是万恶之源，谁一旦沾染上了赌博恶习，必定会玩物丧志，小者破财，大者性命难保。导游说在这儿赌钱的人，有不少人输得一败涂地、倾家荡产，有的走投无路选择了跳楼自杀，想想真是可怕。这次参观赌场也算是接受了一次反面教育，提醒大家千万不能染上赌博的恶习。

离开云顶，我们驱车到马六甲市。一路上是连绵不断的棕榈树、橡胶树，远远望去，每一个山头都是翠绿的。马六甲海峡很有名气，当年郑和下西洋就到过马六甲，那里还有第二次世界大战时期英国人留下的建筑和教堂，但有的已是满目疮痍，只剩下残垣断壁了。和马六甲市遥遥相望的就是印尼了，只相隔60海里（1海里＝1.852千米）。

最后一站是泰国，作为佛教国家，泰国的庙宇很多，全国有三千多座,建得非常漂亮,称得上金碧辉煌,特别是那个玉佛寺,更显豪华气派,每天来此参观的游客数以万计,其中不少是来朝拜的。

  游完了玉佛寺,我们乘船游湄南河,湄南河是泰国的母亲河,船只穿梭来往,江上大桥横跨,两岸高楼林立,好一派美丽景象,令人心旷神怡。过了不久,船开进一条支流,江面就窄小多了,只见河两岸全是高脚屋,建在水上,一间连一间,错落有致,连绵不断,每家每户都种了很多花草,煞是好看。导游告诉我们这是水上人家,祖祖辈辈靠这条河生活。一会儿,左岸上出现了一座寺庙,导游说,来这儿拜佛的人都要拿出自己的干粮喂这条河里的鱼,说是施舍给生灵食物,菩萨会保佑的。大家纷纷拿出自己的干粮,我也将面包掰成屑扔到河里,顿时水面上出现壮观的景象,成百上千条鱼游过来争着抢食,这种鱼很大,嘴上长着两条须,全身黑黑的,在船的两边上下翻滚,把船搅得左右摆动起来。孩子们更是欢呼雀跃,船上一片欢腾。

  上了岸,导游带我们去市场买水果,热带水果琳琅满目,香蕉、龙眼、红毛丹、山竹、榴莲……还有很多叫不出名字的水果让人垂涎三尺。大家都迫不及待地争着去买,我也买了还没吃过的山竹和红毛丹,个个都吃得心满意足。而后我们又去参观大皇宫,作为国王的宫殿,其建筑非常壮观、漂亮,进去参观,每个人都得服装整齐,以示对国王的尊敬,如有人穿了短裙、短裤,不要紧,那里有人出租围裙,把身子围起来就可以进去了,而且进去的人,都得光着脚,为何要光着脚进去,我不得而知。我想,每个国家都有自己的习惯,我们是客人,应该入乡随俗,尊重他们的习惯。

  芭提雅是泰国的旅游胜地,那里有美丽的海滩和海岛,有丰富的夜生活,世界各国的游客纷至沓来。在芭提雅,我们住了两个晚上,第一天我们去海岛玩,坐上快艇,看着一望无际的大海,心胸顿时像大海一样宽阔起来,尽情地放飞自己的心情。快艇行到海的深处,海浪迎面扑来,一会儿把船冲向浪尖,一会又把船抛向浪谷,把快艇冲得上下翻飞,真是刺激。这里的海水蓝色中带着点淡绿,躺在沙滩椅上欣赏着如此美景，倾听海浪拍打沙滩的声音，真是一种绝妙的享受。

十天的时间一眨眼就过去了，我们的游程也到了尾声，大家都意犹未尽。游玩过的每一个地方都给我们留下了深刻而又美好的印象和回忆，不管今后时间怎样流逝，这次旅行都是让我们终生难忘的。

（2007 年 9 月）

仙女的羽衣

• 董 艳 •

正是春光明媚、万物复苏的好时节,一群女人们,暂时丢开老公和孩子,放下烦恼和牵挂,从繁忙的工作中解脱出来,和自己的女伴们携手出游。一路上,叽叽喳喳,像群快乐的喜鹊,谈论着女人们感兴趣的话题,不受约束,如此的放松!

江南三月,草长莺飞,田野上早已是一片欣欣向荣的景象。粉色的桃花、鲜红的杜鹃、金色的油菜花,都在热热闹闹地绽放,空气中弥漫着春的香味儿和泥土的芬芳。放眼望去,是大片大片的绿,山上、田野上、树林中,生机勃勃,绿意盎然。随处可见的是农民正在播种希望,眼尖的你偶尔还能看到水牛和八哥鸟在相互嬉戏打闹。孩子们已经褪去了厚厚的冬衣,红扑扑的脸蛋给春天增添了许多童真与希望。对于整日为了工作、家庭忙忙碌碌的我们来说,这样的美景与闲趣的确很新奇,身上的压力与烦恼也骤然减轻,心情开阔疏朗,像个天真的孩子,对大自然充满了向往。

耳闻中的天台龙穿峡,最为著名的就是那里各式各样的瀑布——司马瀑、秀溪观瀑、五泄流泉、太白临风、龙穿破壁、游龙戏凤,据说,徐霞客也情钟天台,三顾流连。在《游天台山日记》中,有诗"一瀑破东崖下坠。回瞰瀑背,内有龙潭在焉"盛赞天台山风光。而许多文人骚客,也在此留下诗篇,给天台山积累了厚重的文化底蕴。在天湖景区,一条幽谷,

作者简介:董艳,女,浙江省第十一地质大队经济师、会计师,从事内部审计及统计工作。

奇岩耸峙，三湖层叠，青山倒映，苍翠如染，诠释着天湖的自然奇趣。

在美景中流连，呼吸着自由的空气，抛开那些世俗的顾忌，人也似乎年轻了许多。你会想到吗？这些已经做了母亲的人，也会像孩子一样，玩跷跷板，荡秋千，滑滑梯，与同伴调皮地耍乐，从心底里发出阵阵爽朗的笑声，脸上露出少女般单纯快乐的神情。因为大家都是女伴，所以也就无所顾忌，展现最真实的自己，要快乐就快乐，而不必考虑自己要在孩子面前保持做母亲的威仪、在丈夫面前做妻子的矜持吧。在大自然面前，每个人都做回了最初的自己，卸掉那些沉重的责任和负担，变得单纯而快乐。

据说，每位女子原是仙女化身，身着五彩斑斓的羽衣可以天马行空，就像民间故事《牛郎与织女》中的织女一样，她本是天帝之女，只因下凡洗澡时，不慎被牛郎偷去了脱下的羽衣，没法再飞回天庭，只好与牛郎结为夫妻，生儿育女。褪去羽衣的织女，从此被家庭"套牢"，操持家务，打点生活，渐渐失去了仙女的美丽光彩。就像我们身边的每一位女子，在社会中，为了生存，要像男子一样去打拼，在生活中，又要扮演好做女儿、做妻子、做母亲的各种角色，非常的不容易，往往在压力和繁忙中，会忽略掉自己，会忘却自己年轻时候的那些少女情怀。所以，当暂时抛开这些沉重的社会角色，沉浸在大自然的美景中，会觉得格外轻松自在。在大自然的浸润中，洗尽铅华，拾回属于自己的"羽衣"。

游完景点，从山上下来，已经下午五点多钟，返回的车早已在门口等候，无忧无虑玩了一天的女人们，又开始担心着家里的老公和孩子晚饭是否有着落，又开始操心着明天的事情，于是归心似箭地想回家。就像传说中的仙女们，即使多年以后，藏匿羽衣的地方早已不是秘密，然而，多年来沉淀下来的亲情，仙女们也爱上了、习惯了没有羽衣的生活。

回家的路上，炊烟袅袅。夕阳西下，田野上弥漫着一层金色的余晖。牧童的身影正一圈圈放大，悠扬的牧笛也慢慢随风消散。风中不时传来的母亲唤儿回家的乡音在告诉我们，该回家了……家里，有我们大家共同的期盼。

(2009年5月)

冬游雁荡山

· 于 春 ·

"寰中绝胜蓬莱景,海上名山盛世楼。"还没来温州工作之前,就多次听说雁荡山风景秀丽,早想去游玩一次。特别是雁荡山有了玻璃栈道后,我更想去亲身体验一番。

前几天,公司组织到雁荡山旅游,终于能够与雁荡山近距离接触。我们一行三十几人,坐在一辆大巴车上,直接驱车到景区门口。

一进入景区大门,便看到路边的岩石与众不同,岩石表面布满了平行的条纹,像流水流过一样。从岩石的说明我们了解到这是流纹岩,形成时间为侏罗纪,正是恐龙称霸的年代。在地壳运动的作用下,红红的岩浆从地下喷出后,四散流动最后冷凝,形成了雁荡山的奇峰秀景。一块块岩石带着历史的沧桑,经历了恐龙时代,见证了人类起源,让我们心中升起了敬畏之情。

我们沿着小路向上,两侧长满了高大的水杉,树干粗大,枝叶茂密,遮挡住了天空的云彩,行走在其中,仿佛进入了原始森林。走了没多远,便是大龙湫,落差一百九十米。由于是冬季,水流较小,水的重量难以支撑水流垂直下落,落到一半便四处飞舞,飘到游人身上,人们反而不避开,闭上眼睛,享受起天雨的恩泽。哗哗的水声,给寂静的山间增加了一丝生气。悬崖之下是一汪清池,水清见底,可以看到游鱼在水里飞快地游荡,让人忍不住想喝上一口。

作者简介:于春,男,贵州天柱人,地质工程师,就职于浙江省第十一地质大队,爱好文学。

游完大龙湫后,向左前进,到达了小龙湫与玻璃栈道。小龙湫比大龙湫小多了,没有多少人去观看,大家都想挑战一下玻璃栈道。

　　玻璃栈道从小龙湫右侧进入,从山脚到达玻璃栈道处,是一块块水泥石阶,山体一侧用钢筋固定,曲折向上,仅两人并排通过。从山底到山顶,是一项不小的挑战。一条在绝壁上的路,对人的胆量考验极大。胆小之人只能挨着墙壁,慢慢往上爬;胆大之人,才敢在悬崖边,悠然而上。

　　当我们从石阶到达半山腰垭口,一条长约三十米,全是透明玻璃平铺而成的栈道出现在眼前,玻璃栈道横挂在山崖上,像一汪洋中的扁舟,随时飘走,让人胆战心惊;透过玻璃,在阳光折射下,谷底的景色变得美轮美奂,如梦如幻。而且玻璃栈道对面还有拍摄《神雕侠侣》断肠崖的取景点,是不得不看的景色,没有人愿意退回。大家都跃跃欲试,想亲身感受一下玻璃栈道,先用脚试了试,感觉玻璃栈道很牢固,也就放下心来,开始在上面摆着各种姿势拍照。在美丽的风景里,大家反而忘记了危险。

　　玻璃栈道过了后,就是卧龙谷了。卧龙谷足有一个篮球场大小,树木茂盛,是一处探幽之所。谷前有一圆形水塘,水绿得耀眼,里面还有许多鱼儿。水塘前悬崖边,立一块巨石,上书"断肠崖"三个古体红色大字。我们探出头向下看,深不见底。站得高了,也看得远了,正有"会当凌绝顶,一览众山小"的感觉,山下的房屋和人,都变得渺小了。

　　冬天的雁荡山是安静的,游人较少。我们一天匆匆的行程,看到的风景,只不过才万分之一。但是雁荡山的山奇、水秀,深深感染了我们,徜徉在如画的风景中,久久不愿离去。

(2018年12月)

泰顺之旅

· 董 艳 ·

今年的"三八"妇女节活动是组织全体女职工去泰顺赏廊桥、泡温泉、吃农家菜,对于沉闷了一个冬天的我们来说,活动的安排既赏心悦目,又修养身心,大家都非常期待一次愉悦的踏青春游,渴望在大自然的拥抱中来一次彻底的放松。

老天也非常的给力,原本下了一夜的雨,到第二天早上上车集合时也还是大雨倾盆,快到达泰顺县时,太阳公公却一下子从云层背后露出了笑脸,雨过天晴。经过一夜的洗刷,空气格外清新,天时地利,大家出游的心情顿时大好起来。

一路上60后、70后、80后、90后职工纷纷选出代表演唱了歌曲、越剧、怀旧老歌、流行歌曲,可谓欢歌笑语、好不热闹。经过两个多小时的车程后,我们到达了泰顺县,早就听说泰顺县多山多水,也多桥。各式桥梁有900多座,其中古廊桥有30多座,2006年5月,泰顺廊桥作为清代古建筑,被国务院批准列入第六批全国重点文物保护单位名单。在这些古廊桥中,尤以泗溪的姐妹桥最著名。

在导游的带领下,我们首先见到了"妹妹桥"北涧桥。北涧桥始建于清康熙十三年(1675年),北涧桥横跨北溪之上,桥身上的长廊,使桥架因受压而坚固,并组成完美的整体,如"长虹饮涧,新月出云"。北涧桥的美不仅美在桥本身的轻灵飘逸,更美在桥周围的环境。两条溪流

作者简介:董艳,女,浙江省第十一地质大队经济师、会计师,从事内部审计及统计工作。

在桥边汇合，水清见底，溪边上还有一条用石梁搭起来的小石桥。真正的"小桥流水人家"，古朴自然，清新迷人。小石桥的尽头有两株大樟树，都有上千年的树龄，这两株大樟树的虬根牢牢抓住桥基周围的石土，使得北涧桥历经数百年的风雨而纹丝不动。大家被眼前的美景所吸引，纷纷与姐妹们合影，也要把自己美丽的倩影留在这山水之间。

与北涧桥相距300米便是"姐姐桥"溪东桥。溪东桥建于明隆庆四年(1570年)，桥梁上下雕琢着"鳌鱼双吐水""唐僧取经"以及梅、兰、竹、菊等诸多工艺。桥下溪水清澈，桥的另一侧是一抹远山，近处有两座高山：狮子峰与将军峰，此桥与其周围环境形成了"将军逗狮"的风水模式。红色的桥身映衬在青山碧水中，更显轻灵秀美，是泰顺造型最佳的木拱廊桥之一。

据导游介绍，廊桥的神奇主要体现在木质结构和工艺制作上。它的制造一枚钉子也不用，全是木榫结构，可以想象泰顺先民是多么的勤劳智慧。两座桥就像两个好姐妹，在山水间相依相伴，不离不弃，相守上千年而此志不渝，她们为什么不叫"兄弟桥"而叫"姐妹桥"？也许就在于小姐妹的感情更加细腻，更加持久，"姐妹"更能体现两座桥在山水间寂寞相守的深厚情谊吧。就像我们今天同游的这些姐妹们，大家聚在一起是缘分，能成为同事，成为朋友，更是几辈子修得的福气，大家携手在人生的一段路上共同走，相互陪伴，相互依靠，排忧解难，互相帮助。这份姐妹间的情谊不正是"姐妹桥"的最好诠释吗？

欣赏完秀美的"姐妹桥"，已经到了中午，大家又一起品尝了泰顺鲜美的农家菜，泰顺的土豆味美物鲜、远近闻名，在车上导游就给我们介绍了泰顺土豆的十几种烧法，能把简单的土豆做成各式各样的美味佳肴，大家都充满了期待。果不其然，席间上了一道土豆饼，就令大家赞不绝口，吃后回味无穷，这些家庭主妇们还纷纷向店家讨教土豆饼的做法，要回去做给自己的家人吃。大家又陆续品尝了泰顺的苦菜汤、鲜萝卜、嫩竹笋、红烧肉、鸡蛋羹、溪鱼、豆腐……都是最简单的食材，但做出的菜肴却鲜美无比，最后大家都一扫而光，意犹未尽。

游完廊桥,品完农家菜,就是此次出游大家最感兴趣的泡温泉了。据说泰顺氡泉对众多病害有治疗作用,对人体健康、美容、美肤大有益处。"美"可是女人终身不懈的追求,泡温泉有这么多的美容功效,大家都跃跃欲试！这次我们选择的是泰顺雅阳镇玉龙山氡泉。玉龙山氡泉有40多个不同汤池,这些汤池都构建在半山怀抱之中,矗立于悬崖峭壁之上,沉浸氡泉池中,放眼望去,峡谷、小桥、瀑布、劲松、溪水、远山、白雾霭霭、青山隐隐、绿水悠悠……宛如身在仙境之中,而身着泳装的女子就宛如一个一个仙女,身姿婀娜,体态轻盈,面若桃花,玉指芊芊,怎一个"美"字了得？大家三五成群,每个汤池泡泡,喝茶聊天,放松身心,全然置身于大自然的怀抱中,尽情地汲取这"天然氧吧"的精华,让身心来一次彻彻底底的放松。

泡完温泉,这次春游也到了尾声,回看一天的行程,赏了廊桥的神奇之美,品了农家菜的味道之鲜,又体验了氡泉的自然洗礼,真是一次愉快的春游,既轻松又美容,还增长见识。期待明年的"三八"节活动,又带给我们不同的感受。

（2013年5月）

旅行的意义

• 金纬纬 •

某天,漫山遍野的那抹艳丽黄色,"霸道"地挤进我们的视野,连绵细雨中的油菜花开得突然,伴随着春天在不经意之间已降临世间。忙碌的城市生活,难得的放空时间。早起,和同事们一道参加大队工会女职工委员会组织的"三·八"生态踏青活动,坐上开往龙湾潭国家森林公园的大巴车,远离城市的喧嚣,感受大自然的惬意。

天虽阴沉,估计会下雨,但丝毫不影响一行丽人拥抱大自然的心情。龙湾潭有着"浙南第一药王谷"雅称,据说由于这里植被的多样性造就此地每立方空气中最高含有六万个负氧离子,对比城市中的人工氧吧而言,这是一处可以深呼吸的地方。

龙湾潭森林公园的大门非常有特色,大门像棵被砍到的大树支起的。刚一进来,走的是石墩,脚下流淌着清澈的溪水,"阳春二三月,草与水同色",形容此处再恰当不过。不懂那些珍贵的草木,就尽情享受一次难得的肺部 SPA 吧。而远处山顶之上,围着飘渺的云纱,梦幻似仙境。都说七折瀑布是龙湾潭的一道特色风景,我便心生向往,开始了寻找之旅。从起点到瀑布,路面比较平坦,随风而散的瀑布为我充足了能量,跟着大部队一道向山顶发起挑战!许久都不曾爬过山的我,拾级而上汗流浃背,脉搏持续加快,步履也越发沉重,根本没有闲工夫去注意沿途的春色以及那些小瀑布,一味想着登顶了事。可停步喘息之机再一细想,岁月是否也是这般,单就为某一处的心之向往,而

作者简介:金纬纬,女,浙江温州人,会计,就职于浙江省第十一地质大队。

恰恰忽略了身边触手可及的美景。

正为错失美景而感伤时,突然从石缝中传来比之前更大声的瀑布声,龙湾潭最美的七折瀑的最后一折随声迎面而来,煞是惊艳。如此近距离地接触到瀑布,还是在辛苦攀爬之后,张开双臂,享受着水珠飞溅带来的凉爽,也是一件极美之事。瀑布"哗哗"直飞落下,从光滑的石壁上反弹溅起的白色水花,犹如朵朵盛开的白莲在空中绽放,随即又马上凋零,四散的花瓣落到远处墨绿色的水潭里,荡漾开的水晕随风扩散再悄然消失,心中却莫名地为之怜悯起来。

继续向上走一段路,有一个小观景台,能俯瞰七折瀑全貌。80多米长的水流分做七级,每级由一瀑一潭组成,上下相叠,原本雄伟壮观的瀑布此刻变得那么渺小,原先轰隆似惊雷的瀑布声也消失殆尽。安逸中休息片刻,再拖着略为沉重的脚步往山顶的U型观景台出发。之前到过几个悬空的观景台,都是从心底里泛寒意,底下是万丈深渊,腿都不敢伸直,不知道龙湾潭的感觉如何?心里暗暗叫苦,不知道这台阶还剩几何,祈祷之余早起笼罩的烟云已散去了大半,停步俯瞰山下,发现那蜿蜒绵长的山路也是处处暗藏惊险。心悸之余,抬头望去,那伸出崖壁挂在半空中,颇具创意的马蹄形观景台已映入眼帘。于是憋足一口气,低头上攀直抵观景台。当我捂着肚子,喘着粗气站上观景台的那一刻,放眼望去是一片林海,山之翠、树之绿、水之奇所构成的一幅绝妙风景尽收眼底,想着先前的登山之苦,这也算得上是"物超所值"了!

不知不觉,龙湾潭的旅程已至末尾,这是充满新奇与汗水的一天,也终将是难忘的一天。跳出浮躁的生活出来感受这份宁静与恬然,人也变得神清气爽,对生活也更加充满希望,想必这就是旅行的意义所在吧!

(2015年4月)

小舟山的田园风光

· 于 春 ·

三月,梨花、桃花、油菜花争相斗艳,大自然一夜之间有了色彩。正是与百花相遇、踏青的好时节,我与几位同事选择了一个天气良好的周末,到丽水地区的大山深处青田小舟山踏青,探访田园风光。

小舟山说是山,确切地说应该是一处山坳。浙江青田素有"半山半水半分田"的称号,山多地少,连绵的大山一座连一座,仿佛永远看不到尽头。一面呈扇形的山坡,长条形的水田像叠罗汉一样,从山底一直延伸至山顶。一片片金黄的油菜花,把田地遮挡得满满当当,站在远处欣赏,大地像铺上了一片金色的地毯。许多小情侣拍婚纱照,从温州、丽水特意到这里取景;爱好摄影的人,更是站在各个角度,拍个不停。

我们慢慢地向前走,到达了花海中央,置身金色的花海之中,身体与灵魂仿佛都被染成了金色。蓬勃的气息扑面而来,让我们的血液都沸腾了起来。大家赶忙下车争相摆拍,想把最美的风景存留下来。

花海最中央正好是一个大平台,处于梯田的中央部分,从平台往上观看,一丘丘梯田层层叠叠,直至山顶,像上天的天梯。从平台向下,弯弯曲曲的梯田缓缓延伸,像一个个摇篮,让人感到特别的温馨。梯田对面是一座像长龙的大山,呈南北向蜿蜒展,大山稍微平坦之

作者简介:于春,男,贵州天柱人,地质工程师,就职于浙江省第十一地质大队,爱好文学。

处,一个个村庄静静地卧在上面,多么安宁温馨啊!真愿意一直停留在这里,做一回桃源的主人,静静地享受片刻安宁的时光。

　　这是一片原始的天地,像武陵源一样,等待着我们的到来,让我们释放着心中的压力。这一次旅行,是一趟心灵之旅,让我们感受到了大自然的和谐美丽,心情瞬间变得美好。我们拍完照,一步三回头,开始往回走。在油菜花的空隙之中,我们发现几块没有种油菜花的田地,耕牛正在耕田,水与泥随着犁的前进而翻滚着。同事大多是从小在城市长大的,第一次亲眼见到耕地,兴奋得不得了,先要与牛合影,然后自己下田,也体验一回耕地。

　　我是农村长大的孩子,耕田是很平常的事情,见怪不怪。他们似乎发现了我的不屑,让我给他们表演一段耕地。其实我从来没有耕过地,为了面子,只能硬着头皮应战,挽起裤脚下了田。

　　早春的水真冰凉啊!脚似放入冰水之中。我右手接过老农的牛绳,左手扶住牛犁,像模像样的摆好了架势。边上的老农,看了也是连连点头。我自信满满地一声吆喝,耕牛拉动犁,向前走了。岸边一阵欢呼,大家赶忙开始摄像。

　　耕牛才走了两步,我就知道犁歪了。一行行的犁田,必须平行,才能保证田地都被犁开。老农在边上很无奈地摇了摇头。同事们热情很高,我骑虎难下,只能硬着头皮前进。每犁一圈,我就心里不安一分。水田被我犁得乱七八糟,混浊的泥水掩饰了我的窘迫,不然我只得找一个地缝钻进去。当我满头大汗,同事们才放过我,让我上岸。我们与老农告别离开。走远了后,我看见老农又重新犁我犁过的田。那一刻,我只能在心里对老大爷说声抱歉了。

　　可惜我们不能一一享受这里的美景,待油菜收割后,田地都会重新翻耕,蓄上水,又是另外一番风景。一丘丘梯田,像一面面镜子,镶嵌在山坡上,美丽绝伦。再过不久,水田均会插上水稻,水稻长高之后,绿色将与整个天地融为一体,入眼一片绿色。农人们在插秧的时候，还会在田地里放入了鱼苗，秋收的时候，鱼儿也长大了，就是青田的田鱼了，也是这里的一绝。

　　尽管我们看到的风景只是小舟山的一小部分，大家仍感叹此行不虚，因为我们感受到了真正的田园风光。小舟山山不奇，水不秀，却让人流连忘返。自然和谐的田园风光，原生态的风景，才是最美的风景。

（2018 年 6 月）

我和遂昌有个约会

· 任蓓蓓 ·

阳春三月的景色是迷人的,在这样的时节去踏春应该是一个不错的选择。3月22日清晨7时,我们一群20多个女人,外加5位"护花使者",踏上了前往遂昌的快乐之旅。

一路上欢歌笑语,似串串银铃,洋溢在车厢内。好不容易到达了目的地,一下车,"遂昌金矿国家矿山公园"十个鲜红的大字立即跃入眼帘,在绿树的映衬下特别耀眼。进入矿山公园,拾级而上,我们来到了黄金博物馆。

踏入大门,映入眼帘的是五幅用金箔绘制而成的画,向我们讲述了古代金矿选冶方法的五道工序;里面各色各样的黄金制品以及水晶制品,让人眼花缭乱;展厅里的陈列都含金量十足,如挂满金钱的"摇钱树",玻璃地板下铺满了印着"遂金"字样金砖的"黄金满地",陈列的金蟾、金貔貅……

随后,我们上到二楼,参观了金矿的采矿工艺流程、选矿工艺流程和冶炼工艺流程,对金矿的历史有了更深层次的了解。看罢二楼我们又转向一楼,来到金矿的金库,里面赫然摆放着一块真正的"金砖",听说这块重达12.5千克的大金块价值不菲。大家边看边调侃着金砖的神奇,想像着抱着这么一大块金砖会是什么感觉?终于在好奇心的驱使下,有两个同事忍不住买票特地进去一"亲"金泽,她们无比兴奋地

作者简介:任蓓蓓,女,温州瓯海,温州浙南地质工程有限公司,从事办公室行政工作。

抱着沉甸甸的金砖,像买彩票中了500万的样子,好幸福,好满足。

参观完金矿博物馆,我们来到了南月台——小火车停靠点,乘坐观光小火车,踏上穿越时空的旅行,到达那久远的年代,去古代金窟实地感受古人工作的场景,聆听一些属于这里的动人故事。

小火车可坐一百余人,是去金窟的唯一交通工具。车厢呈金黄色,每节车厢状如一块大金锭。随着"呜呜,轰隆隆"的鸣叫声,20世纪60年代的原始小火车,承载着大家探秘的梦想,慢慢地向金矿深处驶去。昏暗的时光隧道里,只能看见火车头上微弱的灯光和听见"哐铛哐铛……"的车轮开动声,平添了一种神秘气氛,看着一张张行走在黑暗中充满浓厚好奇心与新奇兴奋的脸,突然间感觉自己就像《国家宝藏》里的尼古拉斯·凯奇一样正在进行着一场刺激的寻宝之旅!

穿行了约20分钟,小火车"嘎"的一声在隧道中段停了下来,我们跟着导游来到大门里面,感觉温度骤降,清冷袭人,原来这是一个"明代金窟",洞中放射着五颜六色的彩灯,在洞窟的石壁上到处都有一个一个大大小小、奇形怪状的窟窿,导游告诉我们,这些就是古代矿工用烧爆法进行矿石开采所遗留下来的痕迹,古人采金矿是先用火烧红那些矿石,然后用水泼上去,矿石就掉下来了,这就是利用热胀冷缩的原理。原来如此,虽然方法非常笨拙,不过在当时已是很先进的采矿技术了。

忽然,大家在一个长长的斜着的石洞前停住了脚步,往里一看,里面有很多乱石,还有一些"尸骨",导游沉痛地告诉我们,这里是当年明代采矿时的一个矿难现场,共死亡380多人,这些场面使我感受到了古代矿工开采矿石的辛苦。随后我们穿行到了"时光隧道",听着身后虫鸣鸟叫,感觉进了另一个世界。踩过古人的足迹,感受现代的文明,我们收获了那份神秘,清晰地看到了古今文明的接壤。

吃过中饭后,下午前往第三站:南尖岩。南尖岩,海拔1400多米,其梯田、云海、竹海、山里人家组合景观堪称江南第一,有奇峰怪石、竹海林涛、农庄梯田、雾里群山、天柱峰、神坛峰、一线天、千丈岩、小石林、神龟探海等景观。听说,这里的云雾来无踪、去无影,千变万化,让人难以捉摸。遂昌南尖岩的盘山公路,都是"Z"字形,真是名副其实的山路十八弯,绕得我头晕脑胀,大约经过一个小时的盘山路,终于到达了梦想中的天堂——南尖岩,出现在眼前的是一幅幅诱人的美景,强烈地引诱着我已经膨胀的心。进入景区,导游说南尖岩有个不成文的规定——不走回头路,因为整个游程是一个回环,下半段是上坡路,要回到山顶景区的门口。了解了行程后我们便跟着导游开始游玩了,先到了观云亭,站在探出山壁的一透明玻璃平台上举目眺望,有种"一览众山小"的感觉,远处苍苍翠翠的竹林,高高低低的梯田,重重叠叠的青山,令人眼花缭乱,可惜因天公不作美,阴阴的,无法看到梦想中那一片落在云端、时隐时现的美丽梯田,留了点遗憾,不过山脚下村庄、梯田、竹海构成的美丽田园风景,还是让我们这些久居都市的人脸上充溢着兴奋、惊讶,纷纷拿起相机来采撷这绚丽春色。沿着陡峭的石阶攀登,一路慢步下阶梯,一路听着导游讲解,回旋于各个山峰之间,著名的一线天、通天峡,雄伟壮丽的天柱峰、神坛峰,奇形怪状的千丈岩、小石林、神龟探海,遂一映入眼帘,静静地向我展现着她们"养在深闺人未识"的美丽,令人心驰神往。

我们走在群山之中,微风中夹杂着竹子淡淡的清香和泥土淳朴的气息,不久便来到了竹屿茶楼,小坐了片刻。趁着空隙,大家拿起相机不停地摆弄着各种姿势,把自己最美的风姿定格在相片里。接着又继续前行,辗转中,眼前闪现出一帘瀑布——九级瀑,它是由九个悬瀑和跌水组成的瀑布群,九瀑各展其姿,各具特色,而此刻我们看到的是其中的第二级。当我靠近瀑布,水珠犹如星星点点,扑面而来,而后又冲到岩石上,飞溅起朵朵水花,此时此刻,我不禁体会到了李白《望庐山瀑布》中"飞流直下三千尺,疑是银河落九天"的意境。看见如此的景象,同事们或调皮耍乐,或欢歌笑语,或拍照留念,尽情地放飞心情,完全融入到大自然中,享受远离城市喧嚣的宁静和清新的空气。

行走于山水,陶然于享受,惜时光短暂,再美的景致终究要告别。

经历了 2 个小时左右的时间,我们结束了游玩,告别了南尖岩,起程返回餐馆,临走时"扫荡"了遂昌的竹炭品专卖店,满车充满着竹炭枕头、竹炭去味剂、竹炭花生的味道。

　　随着夜幕的降临,带着对遂昌的记忆,带着愉悦的心情,我们在遂昌的时间进入了倒计时,踏上了回家的旅途。在车上,脑海中不断地晃过这一天游玩过的每一处风景,感受着遂昌神奇、静谧的气质,体会着那份让心灵回归自然的恬淡、惬意。

（2010 年 3 月）

重庆印象记

• 池朝敏 •

去重庆是我向往已久的事,可时间总不凑巧。十多年前,因为建设三峡电站,因工作去过一趟,可也仅限于奉节和小三峡而已。

六月的一个周一,我们一行二十多位从温州出发,经过了两个小时的飞行,降落在重庆江北国际机场。重庆倏地呈现在你眼前,却不禁有些惘然。

重庆,是一个神奇的地方。东临湖北、湖南,南接贵州,西靠四川,北连陕西;幅员辽阔,域内江河纵横,峰峦叠翠;主要河流有长江、嘉陵江、乌江、涪江、綦江、大宁河等。纵览地图,重庆中心城区为长江、嘉陵江所环抱,夹两江、拥群山,山清水秀,风景独特,各类建筑依山傍水,鳞次栉比,错落有致,素以美丽的"山城""江城"著称于世。特别是美丽迷人的"山城夜景",12日那天我们一行因华瓯公司的款待恰好在江边领略了其夜之神韵,当夜幕降临时,城区万家灯火与水色天光交相辉映,蔚为壮观。其实,在人们的眼里,重庆更具"雾都"的魅力。365天的大多数日子弥漫着的雾,她不仅滋润着这一片土地,也滋润着生活在这片土地上的人们。曾有人在网上戏言神州为数不多出美女的地方,这就是其中之一,想必是得益于上天独特的恩赐吧?

重庆,是一个历久弥新的地方。在联合国大厅的世界地图上,仅标出的中国四个城市,其一就是重庆。在浩荡的历史长河中,重庆以其巨大的凝聚力和辐射力,成为古代区域性的军事政治中心和重要的

作者简介:池朝敏,男,浙江瓯海人,浙江省第十一地质大队经济师。

商业物资集散地,历千载而不衰。远的不说,自二十世纪以来,重庆就从一个单一型转口贸易城市,成长为中国西部最大的多功能现代工商业城市并发展成为长江上游的经济中心;今天,西部大开发战略的实施,更揭开了重庆迅速崛起的一幕。

在世纪之交的重要时刻,历史又一次选择了重庆。举世瞩目的三峡工程建设和库区移民开发,为重庆发展带来了强劲的动力;中央直辖市的设立,给重庆开辟了全新的天地。全国以至全世界的目光都关注着这片充满希望的土地,翻天覆地的建设全面展开,各色各样的资本蜂拥而至,一切来的那么突然、那么直接,重庆人或许在一觉醒来就把惊奇挂在脸上,脚踏实地地跑步前行。

重庆,是一个独具文化魅力的地方。悠久而富有鲜明个性的巴渝文化,早在商时就有记载:巴人"武王伐纣,前歌后舞"。民歌、民谣真实地歌唱了长江两岸民众淳朴清新的劳动和爱情生活。如歌咏船工生活的水上歌谣——川江号子。巴山调(亦称竹枝词)在春秋战国时代就广为民间传唱,文人也逐渐地效仿而创作,如唐代大诗人刘禹锡《竹枝词》"杨柳青青江水平,闻郎江上踏歌声。东边日出西边雨,道是无晴却有晴"。这也体现了文学发展从"下里巴人"到"阳春白雪"的踪迹。

同时,神奇的自然景观吸引了许许多多文人墨客对巴山蜀水广为传诵,尤其是在唐代。我们熟悉的唐代大诗人李白"朝辞白帝彩云间,千里江陵一日还。两岸猿声啼不住,轻舟已过万重山",还如李商隐的《夜雨寄北》"君问归期未有期,巴山夜雨涨秋池。何当共剪西窗烛,却话巴山夜雨时","巴山夜话"亦成典故。唐元稹"曾经沧海难为水,除却巫山不是云。取次花丛懒回顾,半缘修道半缘君"。

重庆,更是一片红色的土地。俗话说,一方水土养一方人,红色的土地培育了具有红岩精神的人们! 从渣滓洞到白公馆,从歌乐山烈士陵园到红岩村革命纪念馆,从桂园到解放碑;从杨虎城到黄显声,从江姐(江竹筠)到小萝卜头,从疯老头(华子良)到双枪老太婆(刘隆华)。

这里有不朽的人格,这里有浩然的正气;这里有崇高的思想,这里有坚定的信念。在岁月不息的长河里,在时代流转的记忆中,是这块土地承载着历史车轮的痕迹,是英雄儿女肩负着民族苦难的蹂躏。

奔腾不息的江水又恢复了平静,嘉陵江畔的人们正在飞速前行,可谁能忘记发生在红色土地上的那一幕幕呢?谁又能抹去那烙在心底的红岩魂的印记?

(2006 年)

第四篇
地质文化魅力足

积极倡导"快乐工作、健康生活"理念,与联谊单位开展篮球友谊赛

2014年,"迎金秋 庆国庆"职工篮球运动会

▲ 每年定期组织团员青年开展综合素质提升训练活动,拓宽成长成才之路

在世界环境日期间，配合地方生态环保部门开展生态环保知识科普宣传

世界地球日期间，地质科普讲师团进村、下乡、入校，宣传讲述"地球故事"

02 在温州市龙湾区省级粮食生产功能区提标改造——耕地质量培肥项目现场,技术人员正在对农户开展精准施肥培训

04 助力美丽乡村建设,为温州市首家"零污染村"永嘉县源头村提供地质技术帮农服务

01 积极倡导"快乐工作、健康生活"理念,"寒武纪"精武协会啦啦队正在训练

03 浙江省第十一地质大队地质勘查技术比武

山如北斗，城似锁

——以温州为例解析古代城市地质调查方法的科学价值

·傅正园·

神奇的温州

温州位于中国黄金海岸线中段，浙江省的东南部，经济发达，文化底蕴深厚，是浙南的经济、文化中心和交通枢纽，是一座充满生机与活力的现代滨海山水城市。这里，是我国山水诗的发祥地，是南戏的故乡沃土，是数学家的摇篮，是改革开放的前沿阵地。

传奇的温州

温州古城原是河网密布，舟楫相随，小桥流水，垂柳依依，是名副其实的水乡之城。城内规划的水系通五行之水，只是随着温州城市化的快速推进，昔日古城的面貌被淹没。比如信河街、仓河巷、八字桥等地，填了河留了名，没了河没了桥；比如灰桥、双莲桥等地（图1），原来的石板桥现已拓宽重建，桥在名在却已是物是人非。原来的水系都变成了今日车水马龙的大马路。相传郡城在建筑时，有白鹿口衔鲜花，穿越城中，人们以为祥瑞之兆，故又名城为白鹿城或鹿城。

温州古城又是风水之城，由中国风水第一人郭璞规划设计。他规划以天上北斗七星的位置定下了斗城的格局。因此，有"山如北斗，城似锁""水如棋局分街陌，山似屏帏绕画楼"之说，也称"山水斗城"。可以说，温

作者简介：傅正园，男，浙江省第十一地质大队高级工程师。

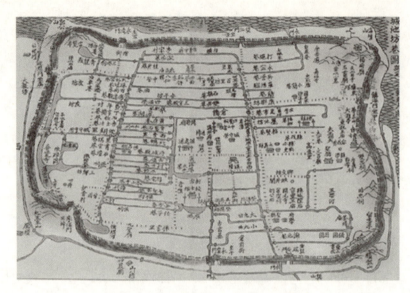

图 1　温州城的山与河网分布图

州古城选址充分利用山水自然元素,是研究我国古代城市地质调查与城市规划的典型案例。更传奇的是郭先生当时有两个预言:一个是斗城可御保平安;第二个是一千年后城将开始繁盛。有意思的是两个预言都应验了。那么,温州古城怎么选址?那时城市如何规划?古代怎么开展城市地质调查?温州古城址地质历史上又是如何演化的呢?

一、从温州古城选址看古代城市地质调查与规划

公元 323 年(东晋太宁元年),永嘉郡(现温州)决定修建郡城,凑巧中国堪舆学鼻祖郭璞先生(图 2)从山西避乱南下,客居永嘉郡。地方官员邀请他为郡城选址规划。

1. 为什么选择瓯江南岸建城?

温州古城按"依江、负山、通水"坐北朝南的风水原理应选址在瓯江北岸,城址初选也在瓯江北岸。郭璞先生通过勘查,选取瓯江南、北两岸的土样,发现同一容器的土,北岸的轻南岸的重。从现在来看,也就是南岸的土比北岸的土密度大,那么从瓯江南北淤泥质黏土来说,瓯江南岸的土

图 2　郭公山脚的郭璞先生雕塑

比北岸的土含水量少,固结程度高,力学强度好,地基土承载力相对大。因此,温州古城选址不仅是考虑"依江、负山、通水"之因素,更是因地制宜,地基土的地质条件优劣比选的结果。古代城市地质调查的手段之一——称土重。

2. 为什么选择在积谷山、华盖山、海坛山和西郭山、松台山诸山合围建城?

在确定瓯江南岸建城之后,郭璞先生登上西郭山(现称郭公山),通眺地形,诸山环列,好似北斗星座,依山控海,形势险要,是建造郡城的宝地。其中华盖山、松台山、海坛山和西郭山形如"斗魁",积谷山、巽吉山和仁王山形成"斗柄"(图 3)。同时城内河网密布,可以充分利用山和水两种自然元素,一是江河入海口,二是包含了港口腹地的城市发展用地。古代城市地质调查的手段之二——观地貌。

3. 为什么要凿二十八口井?

温州古城原是河网密布,彼时这些内河与瓯江相通,没有陡门,河网里的水全是咸水,平原区的孔隙潜水水量小有泥味又有点咸,为了

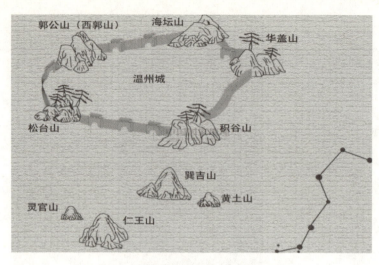

图3　温州城山体的分布与七星图

解决城里的饮用水问题,根据郭先生的建议,按照天上"二十八星宿"的相应位置,用最原始的方法尝水鉴别,选择在山脚下凿了二十八口井,对应天上"二十八星宿"的位置(图4)。山脚位置赋存的地下水为

图4　温州三牌坊二十八宿井

此"二十八宿井"分别为八角井、白鹿庵井、横井(天宿井)、积谷山冽泉、积谷山义井、炼丹井、三牌坊古井、铁栏井、屯前街井、仙人井、永宁坊井、奎壁井、解井、双墙井、简讼井、天宁寺古井、海坛山山下井、桂井、三港殿古井、八轮井、府署古井、县前头古井、金沙井、甜井、道署古井、郭公山下岩石井、应仙井和施水寮古井

基岩裂隙水,水质优良,解决了城内人民的用水。除了二十八口井外,还在城内开了五个水潭,各潭与河相通,考虑到如果发生战争,城池被包围,在断水的情况下,城内五个水潭的水(象征五行)足以应付。古代城市地质调查的手段之三——尝水质。

4. 温州古城的规划

郭璞先生温州古城的选址规划位于瓯江南岸,成了我国较早的河口港城。因城于山,连五斗之山五行之水,并凿了二十八宿井。选址从地理环境出发,充分利用城的自然山水条件,以方便生产、生活和城防为目的,保证人民安居乐业,体现了天人合一的思想,体现了适用、经济的原则。历史虽然过去近1700年,随着温州城市化的快速推进,昔日古城的面貌已淹没不少,但城市历史风貌犹存,体现了规划的前瞻性和可持续性。

二、温州古城的地质历史与演化

如果说温州城的变迁算是今生的话,那么更加远古的地质历史上的温州山水斗城又是怎么形成的呢?

从地质学角度看,斗城的演化大致可以经历三个阶段:一是中生代白垩纪东南沿海强烈的火山喷发堆积形成了"斗"的物质基础;二是新生代第三纪地质构造运动和风化剥蚀使环绕的郭公山、海坛山、华盖山、积谷山、松台山等成了"斗"的骨架;三是第四纪的三次海侵,汹涌的波涛淹没了斗城,沉积了海相软土,海侵沉积的平坦土地与河网构成了斗底。

1. "斗"的物质基础

翻开地质历史,温州城及周边除中生代的白垩纪火山岩地层外尚未发现有更古老的地层。白垩纪火山岩地层出露的有高坞组-茶湾组、九里坪组、馆头组和朝川组。

距今约1.2~1.0亿年前的中生代白垩纪时期,由于太平洋板块相对欧亚板块俯冲速度加剧,导致温州-镇海北东向大断裂及其配套断裂的强烈活动,随之而来大规模的火山喷发伴随岩浆侵入,火山岩浆活动达到全盛时期,温州及周边发育了磨石山群巨厚的陆相火山碎屑岩堆积,堆积厚度超过1600m。此时火山连着火山,争相喷涌,场面恢弘。

2. "斗"的骨架——七星

在此后四、五千万年的新生代第三纪(古近纪和新近纪)地质历史时期,由于太平洋板块相对欧亚板块俯冲速度的相对放缓,构造活动和火山活动强度明显降低。新构造运动以间歇性升降为主,地表处于风化剥蚀阶段,未见有沉积地层。

由于温州城东侧深部温州-镇海大断裂的持续活动,以及大量的浅层北东向和北西向断裂活动,受北东向和北西向断裂构造交叉控制形成了温州破火山。此时,火山活动明显减弱,断裂把温州连绵的火山切割成似连非连的孤山,形成北东向和北西向的沟壑,再加上长期的风化剥蚀,温州市区山脉高度也明显降低,后期受北东向构造控制,一系列岩脉群沿北东向构造侵入,形成了市区一带的构造剥蚀山脉,最终形成了环绕郭公山、海坛山、华盖山、积谷山、松台山等突起山峰,而城中的大南路一带深谷离地面最深100m左右,这就是原始的"斗"的形态。

3. "斗"的塑造

自第四纪早期(约200万年至今),新构造运动以间歇性升降运动为主。中更新世早期,气候开始变得温暖湿润,水流作用活跃,瓯江雏形逐渐形成,斗外的北侧底部开始有陆源的砂卵砾石堆积物。河床相中以灰岩、灰黄色砂卵砾石为主;山麓地带以冲洪积坡积为主。晚期气候逐渐变暖,雨量充沛,瓯江继续发展,河流不断扩大;晚期末,河流水量减少,沉积物变细,成湖沼地区,沉积物有黏土、粉质黏土,露出地表氧化固结成"硬土层"。

(1)第一次海侵(晚更新世早期)。气候变暖,雨量充沛,楠溪江水注入瓯江,使瓯江绕过温州城扩展至南白象附近,梧埏平原均成了瓯江河道,瓯江江面十分宽阔,冲积物有白色砂卵砾石,但瓯江河道并未穿越温州城内。可以说地质历史上温州就异常稳固没有受到瓯江河道及洪水侵袭。而后海水沿古瓯江塑江而上入侵,发生第一次海侵,海侵到达温州城的海坛山(图5)。这时海坛山成了海岛,而其他的山依然是山,沉积物有海相微体古生物,海水退却氧化固结形成黏土、粉质黏土。

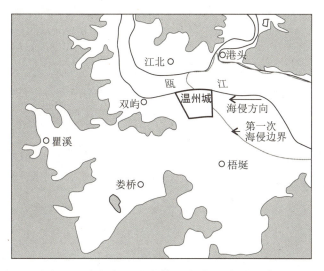

图5 温州古城及周边第一次海侵范围示意图

(2)第二次海侵(晚更新世晚期)(图6)。气候再一次变暖,雨量充沛,河流发育,瓯江河道出现摆动,形成了砂砾-粉细砂-黏土的两个沉积旋回。后期地壳下降,发生第二次海水入侵,海侵范围比第一次还要大,使温州斗城的山全成了海岛,也使海岛之间有了海相沉积物的软土联结。海侵地段有海相硅藻与有孔虫,海水退却后湖沼相地层发育,沉积层裸露地表成硬土层。

(3)第三次海侵(全新世初期、中期)。初期气候变得温暖湿润,雨量充沛,海平面迅速上升,发生大规模的第三次海水入侵,海侵范围覆盖了温州平原区,水深达20~50m,此时的瓯江口退到了桥下洋湾,广

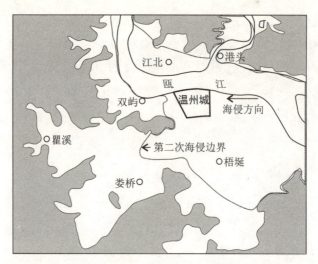

图 6 温州古城及周边第二次海侵范围示意图

大平原区基本上为海相淤泥质土。后来海水暂时退却,形成湖沼相沉积。中期以后海水又迅速回侵,海侵达到高峰,平原区一片汪洋。温州城的山又全变成了海岛,海岛之间又有了一层厚厚的海相青灰色淤泥沉积(图7)。

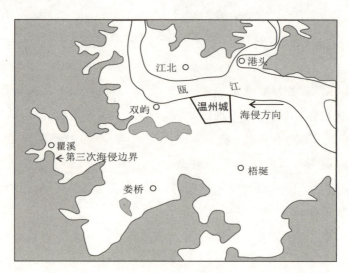

图 7 温州古城及周边第三次海侵范围示意图

全新世晚期距今约 2500 年,气候与当代相仿,海平面下降,温州的海岛又成了山,瓯江向海延伸,河道两侧平原沉积了灰黄色、灰色淤泥质黏土、粉质黏土等,湖泊退缩,河网宽度变小,平原区表层逐渐固结成硬壳层,成为人类适宜生活生产的土地。

温州古城,七星支撑,具有先天的坚固,又有第四纪形成的广阔的平原腹地。温州古城更远古的地质历史与海陆变迁更具有科学研究价值。

今天的温州

改革开放以来,温州因其巨大的经济成就成为我国改革与发展的一个典型区域,独领风骚。瓯江滚滚,汇聚于大海,今天的温州必将创造更多的神奇,期待温州的明天更美好。

(2017 年 7 月)

世界矾都古韵悠存

· 秦海燕 ·

一、世界矾都在哪儿

我国矾山原名赤垟山,因矾成名,因矿成镇。矾山矿藏面积 10 平方千米,明矾石储藏量 16 742 万吨,占全国 80%、世界 60%,素有"世界矾都"的美誉。

矾山位于浙江省东南部,温州市东南 65 千米处,隶属苍南县,包括矾山镇、南宋镇。232 省道线贯穿全境,甬台温高速公路、104 国道和温福铁路在其西部 30 千米处,在建甬台温高速公路复线从其东部 3 千米处通过,交通较为便利。

二、矾山盆地的形成

矾山破火山口属复活火山口沉陷,演化过程初步归纳为 7 个阶段(图1):

(1)区域性膨胀和环状裂隙的产生阶段。这是侏罗纪晚期,地壳受到区域性构造的作用而产生放射性和同心环状裂隙。

(2)形成破火山口的喷发阶段。中酸性熔浆沿着裂隙喷发,构成上侏罗统高坞组英安质晶屑熔结凝灰岩。

(3)破火山口塌陷阶段。由于火山口内熔浆的喷溢,而出现暂时性的空间,先形成的岩层沿着环状裂隙发生塌陷,出现火山凹地而形成火山湖。

(4)火山复活过程中的火山活动和沉积阶段。火山湖形成以后,

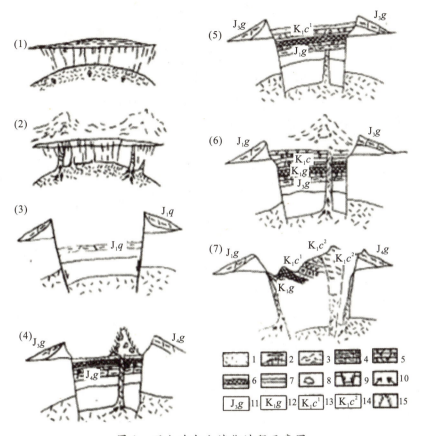

图1 矾山破火山演化过程示意图

(1)区域性膨胀和环状裂隙的产生;(2)形成破火山口的喷发;(3)破火山口的塌陷;(4)复活过程中的火山活动和沉积作用;(5)复活过程中的沉积作用;(6)复活破火山口的喷发;(7)破火山口的塌陷、堆积作用及环状裂隙的火山活动

1.中酸性熔岩;2.区域性裂隙;3.火山喷发碎屑;4.熔结凝灰岩;5.火山角砾岩、集块岩;6.明矾石矿层;7.粉砂岩、细砂岩;8.熔岩碎块;9.火山塌陷凹地;10.火山喷气;11.上侏罗统高坞组;12.下白垩统馆头组;13.下白垩统朝川组下段;14.下白垩统朝川组上段;15.环状裂隙

初始仍有火山喷发,晚期随着含有大量 CO_2 的火山喷气注入火山湖,从而形成钙质泥岩或泥灰岩。之后火山再次复活-沉陷,多次的喷发

和气液活动,形成了第(4)(5)(6)(馆头组)岩相。

(5)火山复活过程中的沉积阶段。火山进入休眠状态,地表径流大量涌入火山湖,形成内陆湖泊,沉积了含凝灰质碎屑岩和正常沉积的中细粒碎屑岩(朝川组下段)。

(6)复活火山喷发阶段。相对宁静了一段时间后,火山活动又趋加强,开始喷发安山质角砾凝灰岩、安山玄武岩、流纹岩,随后大规模喷发流纹质熔结凝灰岩。

(7)复活破火山口塌陷阶段。随着火山活动的加强,火山口逐渐向北西方向迁移,由于深部岩浆大规模喷发,地下空虚,火山锥下陷。火山口塌落伴随着火山喷发,其边部堆积了岩屑熔结凝灰岩。由于火山再度复活,使火山凹地上火山湖溢干,并沿环状裂隙、放射状裂隙发生次火山岩的侵入活动。最后,火山角砾和集块充填了火山口,火山活动停息。

新构造运动后,形成现今构造地貌的基本轮廓。即四面群山环抱,东高而西低,西侧为沟口,形如葫芦状较典型的山间盆地。

三、明矾石矿如何形成?

侏罗纪晚期火山喷发,在火山口堆积了大量的(中)酸性火山碎屑岩,随后富含S、K、Na的火山酸性(pH<3.5)热液沿层间裂隙、层内岩石空隙和矿物节理等通道选择性地对富碱性长石的火山碎屑岩,在$50℃\sim450℃$和$300\times10^5\sim790\times10^5$ Pa压力条件下的氧化环境中,发生交代反应,形成苍南明矾石矿床(图2)。

四、世界矾都的发现

1.秦福的故事

据《矾矿志》记载,相传南宋末年(600多年前)的矾山,森林茂密,虎豹出入(古称赤垟)。四川难民秦福带着妻儿流落到赤垟,在一处石雨伞下躲雨,垒石煮饭。几天后,石灶因雨淋而出现白色结晶物,发现

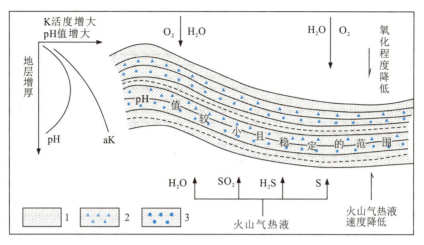

图 2　矿床成因示意图

1.玻屑凝灰岩；2.火山角砾凝灰岩；3.岩屑凝灰岩

"清水珠"（即明矾）具有澄清浊水、清热解暑之功效，故取名为"明矾"。消息一经传开，山民纷纷慕名而来，他们在这山沟里依照秦福原始的办法，用"火烧水浸"再加"冷却"炼制明矾。

矾山人认为，秦福是发现明矾矿藏的第一人，而尊奉他为"明宝爷"或"窑主爷"，并在上港建起"明宝爷"庙、"明宝爷"神像，明矾始祖信俗成为古时矾山人的精神依托。为纪念秦福发现明矾的功绩，1991年经苍南县人民政府批准，定明矾始祖诞辰日农历九月初六为矾山明矾节。每年一届的明矾节都举行民间文艺游行，以抬"窑主爷"为主的巡游活动，传承地方百年风俗韵味，形式生动活泼，内容丰富多彩，延续至今。

安徽省庐江县矾山发现明矾的故事与这则故事大致相同。

2.猜想

明矾在唐代已成为一大重要的商品，专门供给京城的达官贵人用于净化饮用水和制药。宋代人已经将明矾广泛应用于医药、净水、染织等方面，而且跻身工艺品行列，步入艺术殿堂，积极促进绘画技法。

鹤顶仙师庙存在于唐代,南宋发现有新石器时代古墓,说明矾山一带在1000年前就有人存在。地处浙南的矾山面对东海,森林密布,野兽出入,严重威胁海盗的生命安全,海盗常采用防火烧山的方式狩猎或驱逐野兽。火烧山后,陡崖的矿石经风吹雨打而结晶出洁白耀眼的明矾而被发现。这只是我个人的猜想,如果是这样,矾都的发现史至少要提前500年。

3.勘查史

据明弘治《温州府志》记载:"矾,平阳赤垟山(今苍南矾山)有之,素无人采,近民得其法,取石细捣提炼而成。清者为明矾,独者为白矾。"这是有关温州矾矿开采、生产最早的文字记载。

1927年,浙江省矿产调查委员会的宋雪友、屠宝章等,赴矾山进行首次野外科考,于1928年提交了调查报告。1929—1931年,中央研究院地质研究所叶良辅、张更、丘捷、陈恺一行,在矾山矿区进行详细考察,于1931年发表题为《浙江平阳之明矾石》一文,视为近现代意义的矾矿地质勘查,是矾山明矾石矿的最早勘查记载。

近30年明矾石开采量约为2000万吨,剩余明矾石储量约1.4亿吨。温州矾矿明矾石的储量占全国的80%,世界的60%。因其储量、品位及产量均为全国之首,被誉为"祖国矾都"和"世界矾都"之称。

明矾山矾矿成矿模型极其典型,控矿特征、成矿层位明显,是典型的非金属矿床,在国内具有典型意义。该矿床的地质勘探和研究工作在不同程度上为明矾石的开采和明矾石矿床学理论的发展作出了贡献。

五、走向井巷之乡

1.采掘方法

按其采掘方法的发展,可分为:明、清和民国三个历史时代的三种操作时期和1949年以后的机械化生产时期;也可以分为三个阶段:①挖掘"黄土头"。矾山早年手工采矿就是挖掘"黄土头"。以陡崖下部、溪流两侧松散堆积的天然矿石为主。②火烧地垄法。据《平阳县志》记载,明永乐年间(1403—1424年),明矾已用于纺织染色工业,促进了明矾生产,渐渐形成规模,矿工们不但能辨认矾石在地表找矿,还能扒开黄土层,用"烧火龙"的办法挖掘矿藏。火烧地垄法以陡崖及下部浅表层矿石为主。③凿眼爆破法。分别采用黑火药爆破法和炸药爆破。

2. 开拓方式

鸡笼山矿采用上盘阶段平硐、脉内盲斜井联合开拓方式,脉内采准,阶段高40m,阶段斜长80～110m。设计采用分层房柱采矿法,按从上到下的顺序,阶段中采用后退式开采。开采中基本上未留顶底、间柱,矿房也只留少量不规则矿柱(低品位矿),且规格不足,多有劈裂,致使井下形成大面积采空区。矿房均留有0.5～1.0m的护顶矿,对维护采空区起了很大作用(图3)。

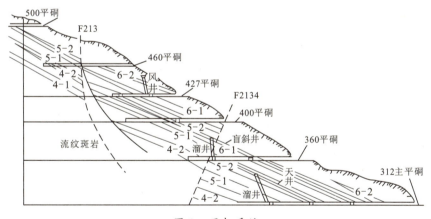

图 3　开拓系统

3. 留下神秘的矿硐群

鸡笼山矿段有数百年的开采历史,历经明、清时期和民国阶段。解放前矾矿开采各自为政,没有统一开采,合理规划。1956年温州矾矿成立以后,鸡笼山矿区成为温州矾矿主要的采矿生产区域,1984年以前矿山的开拓、采准、回采等均自行设计开采。1984年以后,温州矾矿的"270开拓工程"启动后才委托浙江省煤炭设计院进行全面设计开采。山体内有数不清的硐体、硐群和矿柱,开凿矿硐＋190m至＋580m共10个中段,采空面积达55.8万平方米,体积259万立方米。鸡笼山从上到下,分布着10层矿硐,每层矿硐之间大约相隔50余米,都有石梯连接。矿硐门与门相对,梯与梯勾连,辗转反复,犹如一座"地下迷宫"。

4.获"中国矿山井巷业之乡"美誉

受矾矿矿山长时间开采的影响,矾山培养出大批技术精湛、管理有方的企业家和具备地质、地理知识,并擅长矿山开采技术的专业人才。

新中国成立后,这批人才纷纷外出从事矿山井巷与道路硐涵分包工作和劳务作业,迈出苍南矿山井巷业远行的脚步。

20世纪80年代以来,苍南矿山井巷业跨出国门,在老挝、柬埔寨、越南、巴基斯坦等国家承包基建工程。苍南传统的矿山井巷业潜在年产值超过500亿元,300多家在国内外创立矿业投资公司,被业界称为"石老鼠"和中国的"钻山豹"。矿山井巷业成为苍南潜在产值最大的一个支柱产业,也是增长力强劲的区域性传统特色产业。

2010年11月28日,中国矿业联合会对浙江省苍南县授予"中国矿山井巷业之乡"。

六、明矾工业的活化石

1.工艺流程

煅烧→风化→浸取→砂洗→分离→加热→结晶,其炼矾历史,工艺的演进大致经历了三个阶段:第一阶段是粗放炼矾的初始阶段,煅烧一代窑,采黄土头,露头矿。第二阶段是经典的传统手工炼矾阶段,煅烧二代窑,火药采矿。第三阶段是半机械化生产阶段,煅烧三代窑,机械化、半机械化开采。

明矾冶炼从过去用最简单的工具进行"土法烧矾",到现代根据化学工业基本原理建立加工流程,明确岗位分工,采用"水浸法"加工工艺,再到机械压滤技术的应用。其"半机械、半体力"的整套炼矾工艺甚至还保留着《天工开物》所记载的模式,是迄今为止浙江省文物保护单位中首个仍在生产的工业"活遗址",也是矾矿采炼技术发展、工艺变迁"活的教科书",在明矾生产工艺史上,具有"活化石"的意义。

2. 三车间

雄壮威武的煅烧炉是"世界矾都"的标志性建筑,这些高炉位于温州矾矿的三车间,是煅烧明矾石的主车间。三车间是现代生产车间,可供游人参观,正在开发为世界矾都文化体验中心。

3. 用途

明矾有钾明矾、铵明矾、钠明矾三种,以温州矾矿所产钾明矾质量最好。钾明矾学名十二水合硫酸铝钾(Alum),俗称明矾,是含有结晶水的硫酸钾和硫酸铝的复盐。无色立方晶体,外表常呈八面体,或与立方体、菱形十二面体形成聚形,有时以{111}面附于容器壁上而形似六方板状,属于α型明矾类复盐,有玻璃光泽。密度 $1.757g/cm^3$,熔点 92.5℃。64.5℃时失去9个分子结晶水,200℃时失去12个分子结晶水,溶于水,不溶于乙醇(图4、图5)。

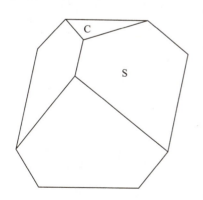

图4 晶体结构

图5 明矾晶体

明矾是一种民生产品,广泛应用于食品、净水、制药、造纸、印染、水产品腌制等行业,今天仍然在发挥积极作用。古代,明矾主要用于治疗暑气、澄清浊水、腌制海蜇和纺织染色业等。民国中期,除少数作鞣革、染色和药品之用外,以作肥料为多,尤以浙江省最为普遍。几百年来矾矿为中国的民生事业和民族工业发展做出了独特的贡献。

七、矿工村保护的典范——福德湾的故事

福德湾最早叫苦竹庵,苦竹庵方言谐音为苦竹垟、苦竹湾。因忌讳"苦"字,再雅化为福德垟。解放后,被命名为矾山镇第九居民区。"文革"期间,为了响应所谓的"破四旧"运动,一度被改名为幸福村,本地群众多以苦德湾称之。2000 年以后雅化为福德湾(图 6)。福德湾村落沿鸡笼山自然山体而建,坐南朝北,是一座历史上因采矾、炼矾而生、而盛的村落。六百多年的明矾采炼,不但在村内遗留下了这一较完整的矾矿遗址,也遗留下了大量遍布该村各角落的矿硐(采空区)、

图 6　福德湾全貌

街巷、石台阶、古树、古井及特色工业村落民居,使该村逐步形成了当前从山上至山下依次为矿硐(采矿区)→居住区→炼矾区的基本布局。村落布局蜿蜒交错,是近现代工业遗产与乡土建筑的完美集合体,2014年被评为首批中国传统村落和第六批中国历史文化名村,亚洲国际青年微电影站"最佳影视基地"。其从山上往山下平地的发展历程,在城镇发展史中属于特例,2016年被评为浙江省不可移动文物优秀保护案例。该村在当地村民、非政府组织(申遗促进会)和政府机构的共同努力下,大部分传统民居依据遗产保护原则得以较妥善保存,而像风化池这类废弃的工业设施则作为公用或观光设施得以恢复。通过持续不断的维护管理和社区参与,这一项目为中国其他处于现代化的关键阶段,但又具有遗产保护价值的工业社区树立了典范。2016年9月1日,获"联合国教科文组织(UNESCO)2016年度亚太地区文化遗产保护奖"。

八、环保的故事

明矾发现的故事源于环保——水质净化。

矾山的炼矾业曾经给当地居民带来福扯,但也给当地带来了严重的污染问题。炼矾采用的焙烧、风化、溶解和结晶的工艺,所产生的矾浆、矾烟和矾渣对周围环境造成了污染。这里的溪水,一度成为乳白色的浑水河,污浊不堪。这里的山体,曾经伤痕累累,失去了绿色生气。这里的天空,曾经是矾烟弥漫,不见蓝色,空气质量堪忧。由于被污染的水和空气是流动的,矾污染还一度引起跨行政区域的污染纠纷。

1. 从碑文说起

清顺治时(1644—1661年),因连年战乱,致使明矾停产十多年,之后,炼矾业又渐渐繁荣。但因炼矾排放的矾浆顺溪流淌,污染了沿溪水域,损坏了沿岸稻禾,康熙二年(1663年)百姓控告到了"尚方",于是康熙下诏:"赤垟炼矾,恩准孤贫渡食,矾浆水必汇入海。"矾山明矾业生产得以延续。康熙的下诏立碑于矾山福德湾白马爷宫,字迹斑驳,至今尚存(图7)。

图7　康熙下诏碑文

2.绿水青山就是金山银山

20世纪50年代及以前用木材作为燃料,到处是窑炉和矿硐,生态环境遭受严重破坏,大气、弃渣、溪流污染严重。

(1)整治。20世纪50年代以来,矾山每年有数百万吨矾渣、矾浆和尾矿直接或间接排出,顺溪而下,严重危及两岸人民的财产和生命安全。为解决污染纠纷,浙闽两省各级政府进行了多次协商,并由浙江方面给予补偿。1991年,苍南县特派工作组进驻矾山镇和南宋镇,对小矾窑进行整治。在3个月的时间里,治理整顿了27家小矾厂,强制关闭了其中9家无证小矾厂。1992年,矾山明矾生产企业开始治污。1993年底,苍南县为整顿矿业秩序,关闭2家小矾厂,封闭100多处小矿点。1997年8月,又执行国务院《关于环境保护若干问题的决定》,对16家小矾厂进行"关、停、并、转",至年底,矾山仅有9家小矾厂和3个临时炼矾点,环境有了明显好转。1998年7月,苍南县痛下决心,要求县明矾厂立即停产治理,对小矾厂集中拆除。

(2)生态环境治理。自从明朝开始,当地群众为弥补薪柴不足,采集马尾松种子育苗或直播造林,并采用一锄法(即用山锄掘开窄缝,将小松苗插入,然后拉出山锄,用锄背敲实泥土)营造马尾松林,造林效率和成活率极高。

民国时期,遵循孙中山的训导,政府提倡植树造林,把造林作为全国民众七项运动之一,平阳县政府也常提出造林计划,为民众无偿提供造林苗木和造林示范。1943年,平阳县政府派员到青田林业改造区购进油桐、油茶、女贞、马尾松、柏子苗木,无偿提供给矾山农民种植。

中华人民共和国成立后,平阳县把封山育林作为绿化荒山、发展森林资源的一个重要手段。1952年2月29日,县政府向温州公署专题报告,将矾山作为重点封山育林区,多次进行大规模封山育林活动,主要种植杉木、马尾松、桉树、檫树、油茶、油桐、乌桕、毛竹、黑荆树等树种。

(3)单一治理走向综合治理。①矾浆治理:1982年,建年产1.6万吨硫酸铝的工厂,每年可消化总量约15%的矾浆;压滤静止结晶法可减少浆水流失;1988年兴建的综合利用分厂,可回收矾浆,母液可再次使用;而1989年建成的矾浆晒场,日产约10吨干浆用于制造新产品。基本上矾矿的矾浆得到了治理。②矾渣治理:1986年后,1989年矾砂堆场,使矾渣能得到及时的处置。2004年后,矾矿对堆积的矿渣进行了清理和治理,大部分矿渣用于采空区的充填,即消除了滑坡隐患,也使采空区地面塌陷灾害得到了一定的控制。③矾烟治理:2000年10月20日,温州矾矿矾烟治理工程正式破土动工,圆了矾矿几代人的夙愿,通过矾烟的排放通道,将矾烟引到离矾矿较远的山体中进行排放,消除了在矾山镇上空飘荡了六百多年的"白龙"。

(4)综合治理。20世纪70年代开始,平阳矾矿对"三废"进行认真治理,取得了一定成效。1989年至2004年,平阳(温州)矾矿投入2 547.42万元(不包括环保设备年运行费用200万元),"三废"综合治理取得显著成效。如矾浆闭路收集循环利用,生产硫酸铝等产品;利用矾渣制作水玻璃和硅胶、生产硫酸铝、明矾和化肥;矾烟制取钾明矾。通过综合利用达到了合理、科学地开发利用资源、保护资源和增加资源附加值的目的,也解决了产业接续和部分人员的安置问题。

2000年后,矾矿采用浙江省第十一地质大队编制的《温州矾矿鸡笼山矿区牛皮滩南侧地质灾害治理方案》,对鸡笼山矿区牛皮滩南侧采空区进行了矾砂水力充填治理,并将堆积的固体废弃物充填到了采空区中,累计充填工作量50多万方,并对局部山坡进行了生态复绿。通过治理取得了良好的效果,即有效地消除了治理范围内地面塌陷隐患,保证了周边居民区的安全及矿山生产安全;又降低了固体废弃物发生滑坡和泥石流灾害的可能性;同时,对部分矿区进行了生态复绿。

目前,矾都自然生态环境已初步恢复,基本无"三废"污染及地质灾害隐患,环境质量状况良好。为矾山发展旅游事业奠定了基础,是我国环保产业的一个典范,也是绿水青山就是金山银山的真实写照。

九、明天会更好

世界矾都遗迹资源分布范围广,规模大。文化遗存丰富、集中、完整,是中国明矾生产的"活化石""炼矾工业的活遗址",为矾山打造国家矿山公园奠定了基础。矿内大量的地质遗迹资源,如破火山构造、断层崖、柱峰、砂砾岩剖面、勘探剖面、地面塌陷、地裂缝、崩积洞,还有标志东南沿海中生代造山运动结束的瑶坑花岗岩岩体等,也为矾山打造国家矿山公园增添了活力。

世界矾都是一个时代的音符,是明矾产业历史的一段注释,它所承载的历史文化厚重而广博。拥有博物馆、奇石馆、矿石馆、朱良越个人民俗博物馆、朱善贤家庭微公园和中国第一批传统村落——矾矿炼矾业旧址福德湾村等,还有矾塑、彩色明矾,传统美食肉燕、卤鹅,无不给这座古老矿山探索转型发展,建设文化产业大镇带来新变化、新希望。将温州矾矿打造成矿山公园,使之成为一座宜居宜业的特色小镇,不仅能有效地保护矿业遗迹资源,全面提升矾山环境,同时对促进温州旅游业的发展也具有重要意义。

届时,世界矾都将张开双臂,礼迎八方来宾!

(2017年7月)

生活巨变三十年

· 侯传初 ·

改革开放三十年是中国经历历史性变革、取得历史成就的三十年,是中华大地发生翻天覆地变化的三十年。三十年来,广大人民群众的生活从贫穷到温饱再到今日的小康,我们平民百姓幸运地享受到了"大河有水小河满""锅里有肉碗里也就有肉"的种种好处。现家庭生活水平今非昔比,其提高之快、改善之大是我三十年前做梦都不会想到的。

"水涨船高"家渐富

太平盛世,国泰民安。在我丰衣足食、安度晚年的尽头,每当想起改革开放之初那几年贫穷的家庭生活,心里就有一种难以名状的痛。1978年家属随队,由于属农业户口,柴米油盐全都要私购。当年仅靠我每月42.50元的工资收入,再节省也无法维持一家三口的基本生活。无奈之下,妻子不顾有疾之躯,以常人难以想象的坚强和勤劳支撑起这个小家。她当过部队搬运工,温州罐头厂与酒厂的临时工,眼镜厂的装搭工,食品厂的包装工,幼儿园的炊事员;在家里,带过双职工的孩子,装搭过儿童玩具,编织过头箍,缝过鞋帮,装过信封,做过小绸花……凡是能赚钱的活,不管多苦、多脏、多累,她都愿意干。至今我还保留了一份1988年7月10日至8月8日替业主董某某装搭"小天使"玩具的原始记录:全家合计加工玩具21 300个,每个搭配费1分

作者简介:侯传初,男,76岁,浙江省第十一地质大队原党委书记,高级政工师。

钱,领到213元工钱。当年这是一笔不菲的收入,比我两个月工资还多,虽然是全家人30天没日没夜辛苦劳动所得,但当拿到这笔工钱时,当晚兴奋得久久不能入眠。

随着改革开放的深入,国家乃至大队经济的快速发展,"水涨船高",我的个人收入也跟着同步增长。1978年月工资为42.50元,1983年为61.70元,1988年为98元,1993年为148元,1994年为148元,1994年全国性工资改革后,月工资增长553元,1998年又增长893元;后几年全国性工资调整,至2003年工资增至2335元。2003年12月退休,每月退休金(社保+省局)合计工资为2204元,2007年1月开始为2901。奖金变化尤为惊人,从无到有,从少到多。本人1977年在大队机关工作,当时奖金116元,1990年288元,1991年580元。1993年大队经济又得到了长足发展,奖金也跟着大幅增加。该年度开始实行按系数奖励,大队机关按1系数得奖金1500元,我作为副队长,年度奖金2400元,1994年度奖金3808元。1995年度本人按1.6系数所得5760元奖金外,另加承包集团省厅奖1.28万元,这是我自参加工作以来得到最多的奖金。尔后,随着我队经济的连续快速发展,经济实力连续多年位居省地矿系统前列,使全队在岗位工人人均劳动者报酬从1978年的500元、1988年的2100元、1998年的1.5万猛增到2007年的80 928元。本人在2003年12月退休前的个人总收入跟全队在岗职工的收入同步,均有了大幅度增长。

近来,亲友聚会,我坦言要在本次征文中重现改革开放初期许多家庭贫困生活的真实往事时,有人说,往事不堪回首,不提也罢;有人说,"家丑"不可外扬。我不以为然,一笑了之。其实,我想说,历史不该被忘记。因为历史最珍贵的部分恰恰是那段惨痛的、人们不愿意回忆的部分。历史和物质一样,越是沉重的部分质量越高,密度越大。扪心自问,我不会忘记自己过去曾经经历的"丑事"(如果这是"丑事"的话)。同样,我也会牢记今日不再为衣食住行发愁的幸福生活。

三次迁转得安居

安居乐业,这个成语道出了人类生活生产的基本祈求。然而,千百年来,却一直是理想多于现实。要做到这一点,实在不容易。

1970年至1977年,本人从事野外地质找矿工作期间,居无定所,每到一个矿区,就住在老乡或自搭的活动房里,床铺简单一安装,就是我在野外"流动的家",期间的酸甜苦辣和伴随着的艰辛浪漫,唯有老地质队员知晓。

1977年我到大队机关工作,翌年家属随队。由于妻、女属农业户口,单位不可能安置住房,几度搬迁,几回失所,过着寄人篱下的生活。1979年,大队在4幢红砖南面建了一排9间房子,每间12平方米,后改建为二层。大家戏称这排房子为"华侨新村",其实夏天如火炉、冬天如冰窖的贫民窟,这是改革开放之初地质队贫穷的佐证。当年我家有幸住进101室。住房内门口上方用废钻杆搭的一床位,宽1米,高0.5米,这就是女儿晚上睡觉的地方。房间只有一张旧木床、一只旧衣柜和几张生活必需的桌椅,其简陋寒酸的程度一目了然,"方便"要去公共厕所,为了晚上应急,家里备有一只痰盂。这样的日子一过就是10年。

一迁住房。1985年1月家属"农转非"后,一直等到1988年,我家分到了原双职共居住的调剂房,即地质大院2幢301室,建筑面积48.54平方米,月租费2.42元。住进这套二室一厨一卫的房子,虽然卫生间只有2平方米,没有抽水马桶,但一家人感到很大很舒服很幸福。至此,我才有了真正意义上的"居者有其屋"。

二迁住房。1989年12月8日,我家分到地质大院8幢104室,三室一厅一厨一卫,建筑面积56.2平方米,使用面积41.8平方米,月租费5.06元。这幢房子与以前六幢房子最大不同之处是有抽水马桶设计,意味着该住户可以告别世世代代"倒马桶"的历史。由于是新房,需要花钱装修。厨房、卫生间请泥水师傅贴瓷砖,其他房间自己当粉刷工涂涂料、上油漆。这次装修购买抽水马桶、洗手盂、瓷砖、管材、油漆、涂料等,加上师傅工钱,共支出 722.64 元,这就是当年温州人住房装修的普遍性费用支出水平。1992 年 12 月 29 日,我家花了 182 元购了一台华皇牌煤气灶,从此告别了世世代代烧柴灶及近二十年来烧煤炉的历史。同年卫生间还装了电热水器,洗澡的老大难问题迎刃而解。好事、喜事一件连着一件,乐得全家人"翻身农奴把歌唱"。

三迁住房。1994 年全国、全省以及温州市进行住房制度改革,变租为售,开始住房商业化。我家居住的 8 幢 104 室只需支付 1 万多元就成为全产权。随着经济的发展,1995 年底大队决定集资建房,虽然参加集资建房的住户不仅要多出钱,还必须退出原住房,但大家仍恐求之不得。1997 年初,11 幢集资楼按时竣工。这次分房采取抓阄儿的办法,我的运气好得出奇,不用出手就拿到了 1 号,名正言顺地成了 11 幢 401 室的主人。该室建筑面积 78.91 平方米,总房价 57 735.60 元。房子按当年温州的低档次进行了装修,总支出 34 838 元。1997 年 6 月迁入新住房。该房三室二厅一厨一卫,看看装修后窗明几净,想想改革开放初期身居陋室十年和随后十年三迁住房的经历,心中的感慨实在无以言表。妻子深有感触地对我说:"多亏改革开放的好政策,才有了我们今日舒适的安居,现在应该心满意足了,就让我俩在这房子里平静地度过后半辈子吧!"是的,确实应该知足了。

餐桌演义

改革开放三十年,有意思的是在"食"上,我家餐桌变了几次,桌上吃的东西也跟着翻了几个样。

1978 至 1988 年,我家厨房搭建在简易住房旁边,面积 3 平方米左右。一个柴灶挺占地方,加上煤球炉、锅碗瓢盆之类一放,剩下的空间只够摆一张工友送的直径 70 厘米旧的小圆桌了。平时餐桌上的"配"菜(菜肴)一般只有两样,一碗蔬菜,一盘小海鲜类,如水潺、鲜蛏、螺蛳等,一家三口每天只买不到一元钱的菜,当时觉得吃饱饭就很不错了。记得八十年代初,妻子的期盼是,什么时候能吃到一餐肉饭,那才真正叫"爽"。还记得当年有时晚上几个同事酒瘾上来，没有"酒配"，只能用白糖充数，还吃得乐滋滋的。

1988年我家搬到调剂后的旧套房，厨房6平方米左右，长方形，虽然不大，但这是正式的厨房。我花了13.84元添置了一张直径80厘米的木质小圆桌和4张凳子，这可以算得上鸟枪换炮了。一直到1996年，那几年餐桌上的变化愈来愈大，妻子想吃餐肉饭的期盼早已成为尘封的历史，鸡、鸭、肉、蛋成为桌上常客，最能吊起我食欲的螃蟹、蛸蠓、鲚鱼一类的海产品也常常端上了餐桌。

1997年我家搬进11幢401室，当时想新房总得有一张像样的餐桌吧。我咬咬牙花了1590元购买了一张六人座的椭圆形实木餐桌和六张配套实木椅子。在新家用新餐桌吃饭，触目的是装饰一新的住房，那种幸福劲儿现在想起来还直乐。回想最近十年来，餐桌上变化确实特别快，龙虾、象拔蚌、多宝鱼、鲍鱼、花椰菜……以前没听过的菜都跑上餐桌了，嘴巴越来越刁，都有点不知道吃什么好。不知从哪时起，我特别害怕到农贸市场买菜，究其原因除了众口难调之外，还有吃动物怕激素，吃植物怕毒素，喝饮料怕色素，能吃什么心中没数。有时一家五口人聚在一起，偶尔能有一次购买的菜得到全家人的赞许，我就会像小孩一样有一种受宠若惊的感觉。现在的生活每天都像过年一样，难怪人们埋怨年味越来越淡，还不时地去酒店打牙祭，使酒店餐桌变成了老百姓的饭桌了。

"天方夜谭"变现实

我手中至今保留着一份颇为珍贵的原始记录。1987年6月，省总会要求全省进行"职工家庭耐用消费品拥有量调查"，其目的是通过真实的数据凸显改革开放十年来职工生活改善。当时我是十一队具体负责调查的经办人。1987年8月20日调查显示，全队职工552人，其中双职工49户98人，带眷户183户183人，单职工已婚(不带眷)172户172人，单职工未婚99人。全队职工家庭耐用消费品拥有量：电视机 22 台(其中彩电 9 台),电冰箱 11 台,洗衣机 2 台,收音机 9 台,电风扇 228 台,照相机 37 台,自行车 227 辆。

当年调查时,我家唯一的耐用消费品是一台电风扇。现在的我们已不敢想象当年连电风扇都没有时,酷夏究竟是怎么过的,依赖空调才能正常生存的我们,不知道是否还记得那个连电风扇被视作稀罕之物的年代?说实话,我记得是因为电风扇在我的人生旅程中曾经留下了太深的印象。

我不会忘记家属开始随队那几年,家住队部 12 平方米的简易住房,只有北面入口处一扇门和一扇窗户,夏天室内如火炉。每年盛夏夜晚 12 点以前,一家人都在房外消暑,工具就是蒲扇和冷水。五、六岁的女儿困了,让她躺在竹椅上睡,我和妻子就两边给她扇风、消凉、驱赶蚊子。而在每年最热的日子里,面对身上长满痱子的女儿,无奈的我,只能一次又一次暗暗地祈望:相信自己熬过了今天闷热的长夜,明天就不会再那么炎热。希望明天那久违的甘露能屈尊安抚焦躁的大地,希望天公作美,能得清凉。

夏去秋来,一年又过一年。1982 年我终于用自己三年节衣缩食的全部积蓄购了一台杭州产"乘风"牌电扇。当电扇旋出阵阵凉风时,全家人尤其是女儿舒心地笑了。这台电风扇也好像懂得主人的不易,它特争气不计辛劳地陪伴到我家装了空调的 2001 年。尔后,它尽管锈迹斑斑,轴心固定圈都老化松掉了,仍忠实为我服务到 2007 年。每当想起这台忠实服侍我 25 年的"伙伴",心里禁不住涌上一阵深深的眷顾和感动。

除了电扇,使人难忘的还有电视机。1979 年,省地质局划拨我队一台叙利亚进口的 24 寸黑白电视机,这在温州市西山片是独一无二的。夏天除了下雨外,每天晚上 6 时在操场上由李潮虎、郑明铁同志负责开启和管理。队部职工及子女一吃过晚饭早早地拿着椅子和凳子到操场抢占最佳位置,就连西堡村和旸岙村的男女老少也涌过来看。电视这一"时代宠儿",给人们带来了欢乐,带来了新鲜的信息,让人们及时地知晓天下事。当时那个年代,电视是人们娱乐的主打内容,直到1987年前,每年春节期间到队部大会议室看电视仍是大多数职工家庭的首选。1987年彩色电视机大量上市,黑白电视机开始淡出江湖,拥有电视机的家庭也愈来愈多。1988年12月31日,我家首次花了1880元购来一台北京产的牡丹牌彩色电视机,虽然只有14寸,但能圆满了全家人的彩电之梦,从今以后可以足不出户欣赏五彩缤纷的世界,家人都高兴得不行。

斗转星移,三十个春秋一瞬而过。随着经济收入的增加,生活水平的提高,我家电视机从无到有,从小到大,从差到好。1998年变成29寸彩电,2007年底花了4850元购买了创维32寸液晶电视。以前的"天方夜谭",如今都变为现实。

生活巨变话感情

人生匆匆如梦,岁月悠悠如云。三十年的改革开放一闪而过,我的人生也步入了老年。在改革开放之初,一天又一天过着寅吃卯粮的贫穷生活,当时的我,总觉得日子过得太慢太慢;在改革开放三十年后衣食无忧的今天,憧憬着追求生命宽度和厚度之时,现在的我,总觉得日子过得太快太快。在三年困难时期和"十年浩劫"的大灾难时期,总觉得自己生不逢时;当身处夕阳无限好的新时代,才明白应该感谢父母适时把自己降生于瓯越福地的大恩。作为华夏子孙,有幸的是,我的经历和民族历程同步。民族遇到灾害我也遇到灾害,民族开始复苏我也开始复苏,民族崛起我也不断进步⋯⋯饮水思源,既要感谢党的改革开放的好政策,又要记住党的十一届三中全会以后,支撑中华人民共和国和中国共产党的擎天大柱——邓小平。

现身处老年的我,虽然不知道今后的人生路会有多长,也不知道能走多远,但在党坚持权为民所用、情为民所系、利为民所谋,构建和谐社会的大环境下,相信今后的路再不会有太多的崎岖不平,晚年生活如果能像现在一样过得平平淡淡、安安心心,那我也就十分知足了。倘若出门带上真、善、美,归路捎回日、月、星,那就更好了。

(2008年12月)

地质队员的公益情怀

· 周闽敏 ·

十年前,我满怀着奋斗的热情成为了一名地质队员,说起地质队员,大多数人脑海里浮现的都是一群皮肤黝黑、身背地质包,手持地质锤在矿区和山林间穿梭的质朴形象,我也在这种形象中开始了作为地质队员的人生。

因为工作的原因,我经常会走进山区,在山里常常能遇见感受与城市里不一样的事物。2012年冬天,我和往常一样做完野外调查在山脚下的一个小村口等车,几个穿着马甲的志愿者从我身边走过,处于一份本能的善意和好奇,我也跟着他们的脚步走进了村子,志愿者们先走到一户建了一半又荒废了的屋前,告诉我这家孩子父母几年前出意外事故,只剩下年迈体弱的奶奶一人抚养她,当我看见小女孩从屋里跑出站在眼前时,瞬间动容了,她脚上穿着一双手织的旧拖鞋,身上穿着一件破旧的毛衣和单薄的校裤,小手生着冻疮,奶奶随后从她身后缓步走来,得知我们是来帮助小女孩上学的情况后,老人连忙感谢。出于同情,我当即将随身所带的500元全部拿了出来想要捐助给小女孩,没想到,奶奶只留下了300元,她温情的说道:"你们地质队员经常路过我们这里,很不容易,只要够给孩子买学习用品就够了。"奶奶一句纯朴善良的回绝和志愿者们的善心交汇成了一幅动人的画卷,深深的触动了我,让我也成为了这群人当中的一员。从此,我除了是一名

作者简介:周闽敏,女,浙江省第十一地质大队,水文地质与工程地质工程师。

地质队员以外,还拥有了另外一个身份——志愿者。

2013年,我利用周末的时间参加公益活动,结识了一帮为社会奉献爱心的志愿者,见证了他们的可爱和感人。夏日酷暑,我们一起将一杯杯降暑清热的茯茶送给来往的路人;冬日严寒,我们一同将过冬的棉衣亲自送到山区贫困孤老手中;在六一、国庆节假日,我们带着福利院的孩子们参观博物馆、科技馆,感受文物和科技的力量,也会带着他们野炊,一同观赏自然界的美好和劳动的乐趣;台风暴雨灾害降临,我们冲锋在救援一线,将一车又一车的救灾物资送达灾区……志愿者们每一次都全身心投入在每一次活动中,他们用实际行动感染着我,给予我无限的能量,我的志愿者身份也渐渐影响了身边的同事、亲人和朋友,身边越来越多的人跟着我一起走进福利院、敬老院、贫困山区和抗灾前线。

经过三年多的积累和发展,2016年8月,一支以地质队员为主力的特色公益服务队伍——"寒武纪"爱心公益协会加入了温州地区的公益队伍当中,成为当地几百支志愿队伍之一。协会的100多位队员都是像我一样普普通通的地质人,在日常工作之余,队员们发挥技术水平,为群众带去便利的专业服务。我们走进中小学校、社区及村镇,义务普及地质科普知识、地质灾害防治知识;我们走到百姓中去,为市民免费提供饮用水质检测服务。同时,同事们还自发筹建公益基金,将省下的钱购置了书柜、书籍、棉衣,为贫困地区的儿童助学圆梦,为贫困老人送去温暖。在梅雨台风等灾害天气期间,总是能看见那一抹绿色,那便是身穿绿马甲的温州地质队员逆狂风暴雨前行,投身到抢险救灾第一线的身影。

2018年,地质队员组成的队伍特色和优势愈加突显,我们和温州永嘉源头村签订了公益服务协议,为温州地区首个"零污染"村庄提供生态地质公益服务方案,为该村的土壤、水质、空气提供精确的检测和监测服务。经过一年多的精心呵护,源头村自去年底开始,一直保持着"零污染"的纪录。

从帮扶贫困、助幼扶弱,到地质科普、服务民生。多年来,一群和我一样普通的地质队员,利用所掌握的地质专业技术及抗灾救援知识为温州地区织起了一张地质公益服务网,爱心事迹多次被媒体报道和称赞,"寒武纪"的名字也在几年时间里走进了温州的千家万户,地质队员们用自己的点滴善意和情怀一次次温暖着这座城市,也让越来越多的人知道,我们不仅仅深耕在大山寻找着冰冷的矿藏,更怀着一颗忠诚奉献的大爱之心守护着这一方水土。

(2019年12月)

了不起的坚持

·林 莉·

日历上说，4月22号是世界地球日，令我不禁想起当前央视一档严肃认真、满满"心灵鸡汤"的真人秀栏目——《了不起的挑战之环保保卫战》，创意独特，印象深刻，聊谈感想，快乐分享。

节目中，六位明星被分成两队，分别入住模拟下的马尔代夫度假屋和北极冰雪酒店。有道是，猜到了开头，却看不清结尾。嘉宾们兴致勃勃地踏上旅程，却不料"幻想旅行"惨变"密室逃脱"。两队被要求居住在上下相邻，但环境截然不同的房间。楼上是用冰块打造的梦幻北极冰屋，楼下是模拟热带惬意的马尔代夫度假屋。当楼下的马尔代夫队因不堪高温酷热而开启空调时，楼上的北极冰屋则会被同时开启制暖器。随后，整个屋子的冰块开始融化，潺潺冰水又通过管道流到马尔代夫屋造成"海平面上升"。之后，又因为每个嘉宾在日常生活中，或多或少不经意间的不环保行为——关闭电器电源却不拔插座、刷牙时不关水龙头、使用一次性用品、浪费食物、乱丢垃圾等，导致北极冰屋的环境持续恶化，制暖器越开越多，"冰川"融化越来越快，马尔代夫屋则因"海平面上升"险些被淹，嘉宾们只能窝在躺椅上不断自责求饶。这正是加速且直观地模拟出"全球变暖，导致陆地逐渐消失"的过程，最终两队嘉宾不得不为自己的自私行为买单。

我身边还曾发生过这样一则环保小事：同事小高，平时说话做事

作者简介：林莉，女，浙江温州人，探矿高级工程师，就职于浙江省第十一地质大队。

不拘小节，但跟他一起出过差的同事都发现，小高有个十分坚持的小习惯，从不向窗外乱扔垃圾。在去矿区几个小时的车程里，果壳纸屑、废弃杂物，他总是默默地攥在手心里，直到下车后再丢进垃圾桶。就是这样一个无声小习惯，却在无形之中影响了经常跟他同车出行的同事们。怎么影响的？问后得知，大伙都是从"不好意思丢"开始，慢慢地也就养成了同小高一样的小习惯。或许这就是关键，只要每个人都把身边这样的小事坚持做下去，也能成就一件了不起的环保大事。

  我想说，虽然在素日里，人人都喊着"要环保，要减少碳排放"之类的口号，但是难免因为没有明显并直接的利害关系，而演变成了"温水煮青蛙"，渐渐淡忘了危机意识。其实，人们并不是不懂得环保，但绝大部分或保持着一种"道理我都懂，但就是做不到"的心态行事。有时候，并不用把环保想得有多么"高大上"，环保观念、环保行为应该是如今每一个人都应具备的基本公民素质。环保不在于喊口号，或是一小时、一天的环保活动，不需要做到轰轰烈烈，只需要尽好自己的那份力，从坚持摒弃生活中的每一个陋习开始，从学会享受低碳环保的生活方式开始，从身体力行开始，用生活中的每一点滴行动来倡导和影响周围的人。勿以恶小而为之，勿以善小而不为，环保亦如此。

（2016 年 4 月）

爱

· 董 艳 ·

2015年,11地质大队团委组织了一次意义非凡的拓展训练,在这次拓展训练中,我们完成了自己原先认为根本无法完成的任务。与其说是依靠团队的力量取得了成功,不如说,我们是在爱的感召下战胜了自己,改变了自己,敞开心扉,信赖别人,关爱别人,以诚相待,肝胆相照,完成了一次对自己人性的洗礼。

我们曾以为,随着市场经济的日益兴起,人与人之间的经济利益才是维系人际关系的纽带,尔虞我诈、互相利用就是这条纽带的显现。我们的真心、我们的爱因为怕受到伤害而渐渐地被隐藏,我们的心变得不再有温度,我们的脸变得冷漠,对周遭的一切充满了不信任,学会了假笑和圆滑。我们都曾经是一个单纯的孩子,却变得如此复杂,缺失了对人的信赖、关心和爱。爱是什么?爱是付出,爱是行动,爱是包容,爱是理解,爱是信赖,爱是平淡,爱是无私奉献。这次拓展训练真真切切地让我感受到了这个"爱",完完全全颠覆了我们以前对人、对人生的看法,重新拾回了单纯、热情、温暖和爱的心。

拓展训练中的每一个项目依靠我们单个人的力量都是做不到的,没有队友的帮助、没有相互之间的信赖、没有互相的包容、没有个人的付出,谁也无法在一次次的"生死一线"中挽回生命。我们在获得别人帮助的时候,也帮助了别人,挽救自己生命的同时,也挽救了别人:我

作者简介:董艳,女,浙江省第十一地质大队经济师、会计师,从事内部审计及统计工作。

们为别人带来新生的快乐,而我们自己也正享受着别人的快乐。这就是爱!

在背摔的过程中,站在台上的队友是背对着下面的,如果不是充分信任下面的队友,他有这个胆量往下跳吗?而下面的队友如果不是出于对他的爱、关心,生怕自己的朋友受到伤害,他们会紧紧地围成一体,腿靠腿、肩连肩,誓死保护他吗?一个人相信别人、信任别人是一种爱,而不辜负这种信任,使出自己的全身解术给予帮助更是一种爱!

过电网的项目也同样体现了这种爱的伟大。在危机四起,只有唯一的一条生路的时刻,高矮胖瘦各不相同的 12 个人,要如何通过高达 1200 多伏的电网?这是一个生存的挑战,也是对人性的一次拷问!如果每个人都迫不及待地想逃生,想着从最容易的网里出去,那面对的将会是乱成一团、非常危险的局面。所以出于对生命的尊重,对队友的爱,我们开始动脑筋策划、想办法,先让一个队友从大网里出去,隔着电网,这边把人送过去,那边把人接过来,有的队友在旁边做好监督工作,眼睛盯着电网,有的队友把大网留给别人,就是把生的希望留给别人;有的队友主动留在后面,做好传输带,不惧死亡的危险。当所有人都安全通过的时候,欢呼雀跃的拥抱都无法表达我们心里的感动,人与人之间,患难中见真情的爱已经化解了一切的恐惧。

高空抓杠虽然挑战的是自己的勇气,但如果没有下面的队友紧紧地抓住绳子,确保自己万无一失,又有多少人能在短暂的一刻鼓起勇气,纵身一跃。而当有的队友因为害怕而不敢迈出最关键的一步时,下面的队友鼓励他,给他勇气,为他加油,使他终于战胜恐惧,完美地挑战了自己。这都是因为有爱。

而最能淋漓尽致地体现这种爱的就是爬人墙项目了,四米高的墙没有任何附着物,三十多个人别无生路,只能爬过这堵墙,无情的火焰在身后,蔓延着,爬过去的就是生。但怎么才能爬过去呢?于是有人就自告奋勇当人梯,甘愿别人踩着自己的肩膀爬上去,当他筋疲力尽时,马上就有人过来顶替,谁都任劳任怨。先上去的人并没有自顾自地逃跑,而是伸出自己的手,帮助在下面焦急等待的人爬上去,在危机的时刻,伸过来的一双手,带给我们多少生的希望,像是天使将黑暗变成光明。

还有那些在后面默默支持的队友们,他们时刻做着救助的工作,以防止正在向上爬的队友翻身摔下来……当最后一个队友在大家的齐心协力下顺利通过时,鼓掌声、欢呼声,都是从我们心底最深处发出来的情感,谁也不会怀疑他的真实,虽然这只是演习,后面并没有火灾,但确确实实,我们每个人都是踩在别人的肩膀、拉着别人的手上去的,我们接受别人的帮助,同时也用自己的力量帮助别人,虽然不知道是踩着谁的肩膀,拉着谁的手,后面又有谁在保护自己,连句谢谢都不知道对谁说,别人给予我们的爱,我们又用同样的爱去爱另外的人,这也是一种报答。爱是什么?爱是付出,爱是行动,爱是包容,爱是理解,爱是信赖,爱是平淡,爱是无私奉献。拓展训练教会了我们什么是爱,如何去爱。就像我们最后唱的歌一样:"每个人拥有爱,爱从心底来",只要人人都奉献出一点爱,心中充满爱,人与人之间会变得越来越友爱,越来越和谐,而产生的力量更是难以想象。大而言之,这正是我们现阶段建立和谐社会所需要的,关爱别人,信赖别人,帮助别人的时候,我们是如此的快乐。既然如此,那就做一个简单的人,有爱的人,何乐而不为呢?

(2015 年 5 月)

别了，三年

· 池朝敏 ·

周一早晨，习惯性步行上了十一楼。一如往常，有三两间办公室已开门亮灯，只是窗外略显阴沉。环顾四周，曾经的熟悉又将成为陌生的启程，有消息传来我将调离而去新岗位。

三年的时光，真的很快，我要跟伙伴们说再见了，就如我匆匆地来，又匆匆地离去。

这三年来，我们一起努力。没有专业的知识和实践的经验，总在不停地学习中进取，从不屑眼神到坦然面对，由惴惴不安到宽心入睡。只是我们无愧于初心，爱恋着这片事业的热土。

这三年来，我们一起奋斗。总在荆棘的道路上崎岖前行，对批评坦然，对赞许赧然。相互的交流传授，无以忘怀；现场熟练操作的观摩，得益匪浅；一线管理的探讨，落地生根；相互配合的默契，责有所归。

这三年来，我们一起拼搏。科室与单位，学习与演练，考试与竞赛，凡事点滴，汇聚成河，埋首苦干，挥汗成雨。纵使前途坎坷又何惧，虽千万人吾往矣。

人生虽多舛，我志亦踌躇。稼轩有词："我见青山多妩媚，料青山见我应如是。"事与愿违？却道：众里寻他千百度，蓦然回首，那人却在，灯火阑珊处。

（2015 年）

作者简介：池朝敏，男，浙江瓯海人，浙江省第十一地质大队经济师。

"寒武纪"整装待发

• 侯甫雄 •

对于大多数人来说,"寒武纪"也许是陌生的,就算知道,可能也只会简单地把它归类于诸如白垩纪、侏罗纪等的地质纪元。但对于队上爱好足球的兄弟们来说,"寒武纪"就如同一首令人亢奋的青春协奏曲,单纯得可爱,简约中透着抹不去的华丽。

连日细雨积累的潮气,爬上玻璃凝成雾气,侵入肿胀的脚踝,引发的丝丝疼痛却带出了前日在足球场上挥汗如雨的快乐画面,而后思绪突然脱缰,奔向那段刻有"寒武纪"的足球记忆。2005年的某一天,刚出象牙塔的一群二十出头的愣头小年青,青涩稚气,无限活力,因为对足球的共同热爱,本无多少工作交集的一群人,情投意合聚拢起来,大伙你一言、我一语的相互支着点子,鼓掌通过成立了十一大队建队以来第一支足球队——"寒武纪"足球队,自费购买统一的球衣,写了队歌谱上曲。而后的大部分业余时间,在新桥文化广场上,在农校的坑洼操场上,甚至是在水泥地的篮球场,我们无数次地拉拽、磕碰、摔倒、爬起,点头示意,击掌鼓励,像风一样地洒脱奔跑着,如血缘兄弟般默契配合着,肆意挥洒着汗水,内心的快乐与满足洗刷着身体的疲倦及伤痛……我们一起围圈抱头痛哭,一起挽肩"疯癫"傻笑,一起围坐在绿茵场上谈论着当时的各大赛事,为自己支持的球星争得面红耳赤……夜深人静时,院子里左邻右舍早已安然入睡,而我们却为了一场赛事的精彩瞬间仍在欢呼雀跃……第一次组队参加温州市"建设集团杯"的比赛,紧紧携手相伴,一路过关斩将,突入比赛的八强,在"温州足球"的黑白格子上烙下十一队地质人的印记。

时间如白驹过隙,"寒武纪"的兄弟们大部分已至而立,忙工作,忙家庭,在球场上的身影也变得依稀。十岁的"寒武纪"经历着队员的离开,队员年龄的老化,新鲜血液的补充不及,一度濒临解散。但"寒武纪"的坚韧顽强、勇于拼搏的精神还在,它依然牵系着每一个"寒武纪"兄弟们的心,呼喊着每个"寒武纪"队员重新起航,因为他们舍不得让"寒武纪"就这样老去。于是,在大队工会的大力支持下,"寒武纪"足球协会应运而生,或许我们已不再年轻,但怀揣足球梦想的心依然炽热,吹响号角,召集人马,整装待发,重拾青春,再叙友情!

兄弟们,让我们再次放声歌唱:寒武纪来到,举起杯为自己喝彩,淌着汗水为足球喝彩,举起杯为足球干杯,不气馁我们绝不后退,划出那道美丽弧线,留在那片绿色世界,让生命创造每一次深深的感动!

(2014 年 9 月)

八强之路

· 陈　惠　朱长进 ·

足球,这个全世界最具魅力的运动项目,同样也吸引着我队的广大热血青年。就在世界杯硝烟仍弥漫空中,人们还为齐达内惊天一撞不解甚至扼腕叹息的时候,我队二十几位小伙子自发组成"寒武纪"足球队,在温州市"建设集团杯"足球赛中,成功跻身八强。

初次组队参赛,能取得这样不俗的成绩,离不开充分的赛前准备。喜爱是最好的老师,七月初,在几位铁杆球迷队员的带领下,队伍很快组建起来,名曰"寒武纪"。大家利用有限的业余时间,克服诸多困难,开展训练和对外友谊赛。

从九月份开始,在温州市九山体育馆,"寒武纪"开始了残酷的小组赛和淘汰赛。有胜利,也有失败,有欢乐,也有泪水,但锻炼的是素质,收获的是坚强。足球比赛,比的是技术,赛的是体能。在身体条件不占优势的情况下,"寒武纪"队员充分发挥动作和传球精准的优势。可能是秉承了地质人吃苦耐劳的精神,"寒武纪"队员们另一个强大的优势就是耐力好,秋老虎的肆虐也没能拖慢他们的步伐。当两支水平相当的球队在比赛中相遇,体能显得尤为重要。队员们实在太累了,喝口水接着跑,腿跑抽筋,简单活动一下照样踢。足球比赛不仅比技术和身体的对抗,更是心理素质和团队智慧的比拼,充满灵性的小小足球就像是指挥家一样在绿茵场上左右着双方球队在布局上的微妙

作者简介:陈惠,男,浙江平阳人,浙江省第十一地质大队高级工程师,从事矿政技术服务工作。

变化,一个看似微不足道的失误将演变成颠覆全局的转机。

9月16日与广发银行的首场小组赛让"寒武纪"的小伙们体会到了足球场上的瞬息万变:一次不经意间的配合失误,导致比分落后。一次次无功而返的进攻使队员们坚持着"必胜"的信念,在比赛的最后几分钟神奇地将比分扳平。可见获胜的欲望和坚持不懈的努力在通往成功的道路上是多么的重要。赛场如战场,什么事情都有可能发生,不到最后一刻,任何人都不能轻言放弃。

首场比赛结束后,"寒武纪"及时进行了赛事总结。由于有了第一场比赛的经验,再加上比赛前的准备对战术、人员作了详尽的安排和布置,基本做到了战术安排明确、思想统一,应对任何可能发生的变故做到心中有数。在与广电总台和联通公司的比赛中,"寒武纪"充分发挥了自己的水平,最终以小组第二的战绩杀入淘汰赛。

"寒武纪"的表现是让人欣慰的,它不仅是一支敢打敢拼的队伍,还是一支团结的队伍,比赛中做到尊重对手、尊重裁判、尊重球迷。四场比赛,队员们始终保持着很好的风范。

其实比赛的意义不仅只注重结果,更应像足球大师们一样,以一个平静平和的心态,享受比赛的过程。通过训练和比赛,队员们增强了体魄、提高了素质、激发了热情。相信在不远的将来,"寒武纪"会给我们带来更多的惊喜。

(2005年9月)

绿茵场上的男儿本色

· 董 艳 ·

金秋九月,地质队二十多个小伙子组成的"寒武纪"足球队为我们带来了好消息,他们在此次温州市"建设集团杯"足球赛中,像一匹黑马闯进了前八强,为地质队增添了新的荣誉。

荣誉是来之不易的,"不经风雨怎能见彩虹",没有艰辛的付出怎能结出丰硕的果实?每一场比赛,我们"寒武纪"的队员们都竭尽全力,奋力拼搏,绿茵场上留下了他们青春飞扬的身影,豪迈有力的足迹,所有的一切都向我们展示了雄姿英发、坚强不屈的男儿本色。

在与广发队、广电队、联通队的较量中,"寒武纪"的队员们在体型方面明显处于劣势,但这并没有影响到他们的信心,从开始筹备到正式比赛,没有一个人因为害怕、胆怯而中场退出。相反,他们个个意气风发、踌躇满志,利用自身的优点如身体的灵巧、传球的连贯、充沛的体能取长补短。他们浑身充溢着迎接挑战的决心和勇气,大有"千凿万锤浑不怕""让暴风雨来得更猛烈些吧"的男儿气魄。

足球是一项激情四射的运动,考验的是人的体力、耐力,90分钟不间断的奔跑,就算是身强体壮的人也会体力不支,更何况是在炎炎烈日下。但我们看到的是:没有人抱怨,没有人放弃,每一个人心中早就作好坚持下去的准备。每一场比赛结束,队员们个个都是汗流浃背、灰尘满面,可想而知,他们在场上是怎样的苦与累,而尽管如此,他们也还是坚持踢完每一场球。休息片刻,他们又开始谈笑风生,交流场

作者简介:董艳,女,浙江省第十一地质大队经济师、会计师,从事内部审计及统计工作。

上的心得,密谋下一场的战术,刚才还硝烟弥漫的绿茵场顿时又被一种豁达轻松的气氛所笼罩。

  在奔跑的过程中,常常会有激烈的碰撞,被踩一脚、踢一腿已经成了家常便饭,一场比赛下来,每个人身上都是伤痕累累,却从来没有听他们叫一声"疼",特别是有一个队员腿摔破了,鲜血一点一点渗出来,当时既没有药敷,也没有冰块止疼,钻心的痛已经让他冒冷汗,连旁观的人都不忍心看了,他却只是用冷水冲了冲伤口,若无其事地笑笑说:"没事的,过几天就好了。"还有一个队员不小心摔断了胳膊,连骨头脱落的声音都听见了,他却面不改色,异常平静地坐在一边……他们怎么能这样不可思议地忍受痛苦呢?也许,在他们心底,这已经不是一场单纯的比赛了,足球是他们心中的一个理想,为了这个理想,再痛再累都能忍受,再苦再难都是值得的。

  足球场上需要每个队员相互配合、相互激励,足球比赛实际上也是一场心理战,90分钟的比赛体验了"坚持就是胜利""始终都不放弃"的足球品质。在与广发队的对决赛中,无论是技术上的娴熟、体能上的耐力、还是整个场上的防守进攻,"寒武纪"都略胜一筹,似乎已经胜券在握。但在下半场局势突然扭转,开场的15分钟内,对方轻易进了一个球,这是谁也没有料到的。作为"寒武纪"的第一场比赛,队员们面临很大的压力。接下来踢得不轻松,但谁都没有因此泄气,他们及时调整心态和战术。在离比赛结束不到十分钟的时候,我们的队员以"迅雷不及掩耳之势"踢进了一个球。球进了!球进了!!球场上响起了拉拉队员们震耳的欢呼声。

  每一场比赛都是一个磨练的机会、成长的机会,绿茵场上的流汗流血受伤,都不在乎,只为了奋力一搏,为了心中那个纯粹的梦想。所谓男儿本色,我想应该就是这样的吧,坚强、执着、自信、沉稳、睿智、豁达、果断、正直、乐观向上、勇往直前、坚持到底、不轻易放弃、敢爱敢恨……

  正如海明威的《老人与海》中写道:"他可以将我打败,却永远不能将我打倒!"

(2016年8月)

写在中年的边缘

· 池朝敏 ·

醉眼惺忪中辗转反侧，浏览手机，两段消息突入眼帘，一是表姐发的祝福侄女婚庆喜事，二是表哥上传的侄儿考入大连理工大学的录取通知书，欣喜油然而生。中年人生，喜事无非关乎儿女洞房花烛与金榜题名。

年少的懵懂和轻狂，年轻的率性和缱绻，年中的豁达和开朗，纵然走过千千万万，依然牵怀梦里的山水和曾经的记忆。人到中年，时常不知身处何方，都说醉心于事业，也曾拘囿于家庭，不妨快意于江湖，但总在沉醉中闪回记忆的故乡，深夜里勾起年少的憧憬。

看儿女喜事连连，其实欣喜伴随而来是失落，新家庭的产生或萌芽也与之俱来，为人父母无可奈何任由花落去，即使有千般的不舍。一个家庭的成立，一个青年的成长，犹如破茧为蝶，于父母、家庭、社会都是新生的力量。

从容的早晨，准时的午饭，冗长的夜晚，周而复始。工作的激情，生活的追求，思索的韧性，都去了遥远的他乡。不时汗涔涔，因为决心难定；抑或苦涩涩，无非誓言屡违。

古人云，五十知天命。躬身自视，华发早生，不禁扪心自问，一生何为？

（2018 年）

作者简介：池朝敏，男，浙江瓯海人，浙江省第十一地质大队经济师。

身边最美的风景

• 潘锦勃 •

用镜头看世界，潜心悟人生……

摄影，或者说是拍照，估计大部分人都会喜欢，我也算是爱好者之一。记得第一次接触照相机是在初中时期，在一番软磨硬泡后才借得邻居家的120照相机，如获至宝似地拍过一次照，也曾跟随"偶像"的身影在泛红的暗房里像模像样地冲印过照片。再后来由于工作关系，需要经常使用相机记录地质现象，慢慢地也就养成了随手拍照的习惯。在工作之余，看见美丽的风景或是美好的瞬间，就会有拿起相机按下快门的冲动。多年来，拍照对于我来说，只是一种渴望记录的冲动，一丝欣赏美好的感悟，一项单纯的爱好，一份分享的快乐罢了。

一次偶然的机会，我有幸参加了温州商报举办的一堂摄影课，这才从"拍照"跨进了"摄影"的门槛。也正是从那时开始，自己在工作之余或是出差途中挤出时间努力学习摄影知识，看得越多，了解得越深，才恍然间发现摄影并不像当初理解的那么简单。摄影作为一门艺术，它是包罗万象的，是光与影的巧妙融合、光圈与快门速度的通力协作、角度与构图的合理搭配，也是大脑与手指的密切配合、眼睛与心灵的无间默契，更是心情与阅历的完美体现；它是千变万化的，同一个场景选用不同的拍摄方法或角度，可以呈现出完全不同风格的作品；它是充满灵性的，一幅赏心悦目、引发共鸣的作品，不仅是技术娴熟与否的体现，更是作者与被摄对象间情感交流的结晶；它是内外兼修的，爱上

作者简介：潘锦勃，男，浙江青田人，浙江省第十一地质大队，高级工程师。

摄影的同时，注定还要培养其他广泛的兴趣爱好，培养对生活深层次的洞察力和对周边事物的理解力。

然而就我而言，摄影是放飞心情、收获快乐，是陶冶情操、表达心声。在繁忙的工作之余，揣上相机，在不经意间去发现荒山小径旁的野花枯木，静静欣赏清山绿水在四季交替轮回中刻画出的精美画卷；在不经意间去感受三街六巷里的人与事，细心品味大千世界在喜怒哀乐的变换中勾勒出的冷暖百态……

热爱生活才会热爱摄影。在平凡的生活中，每时每刻都有着震撼心灵的瞬间，用心灵去捕捉，用双眼去寻找，用镜头去记录，体会人性的真善美，顿悟生命的多姿云影，那么最美的风景就会出现在你我的身边。

（2014 年 3 月）

且爱且大爱

•陈　斌•

"妈,提前祝你母亲节快乐,继续'貌美如花'!"
"野孩子,没大没小的!明天下班后回家的吧?"
"妈,对不起,明天和同事们约好要去永嘉县的一所敬老院当义工,所以不能回去陪你过节了。"
"傻小子,这有什么好对不起的,集体活动应该要多参加才是,再说当义工是好事儿,既然要去,就不能让老人们失望,好好干,注意安全!"
"诶!"……

十多天前,在勘察院周闽敏的微信朋友圈里,看到她参加永嘉义工联合会组织义工活动的照片,被画面中一张张敞开心扉的真诚笑脸深深吸引,与她联系后随即"毛遂自荐",希望能够参加被她动情地喻为"能让心变得清澈、宁静"的义工活动。三天前,接到闽敏的电话,询问在母亲节那天,勘察院党支部将携手永嘉义工联合会赴永嘉县岩坦中心敬老院开展活动,是否有空随行?当然是满口答应,于是也就有了开头那段同母亲大人间"嬉皮笑脸"似的对话。

5月11日,早晨,比闹钟设定的叫醒时间整整提前了三十分钟自然醒来,简单地洗漱后,受职业习惯的促使,再次检查拍照器材。7:30分,坐上勘察院杨百良的车,稳稳地飞驰在前往目的地的高速公路上,

---

作者简介:陈斌,男,浙江省第十一地质大队,经济师、政工师,研究领域为新媒体融合。

车外风景在毛毛细雨随风洒落的阴沉天里快速变换倒退，但这丝毫干扰不了车内一行人关于待会儿所参加的义工活动，具体要干点什么的话题讨论。大伙你一言，我一语地搭话，随着时间的流失，谈性也由浓渐淡，舒坦的旅程让早起的困意阵阵袭来，半眯着眼打着"假盹"，脑子里播放的全是幻想出来待会儿义工活动的种种场景。

感觉车速持续减缓，急停与转弯变得频繁，下意识地睁眼降下车窗，"往里开，院子宽敞着哩"！一位佝偻着微驼的身躯，缩在大一码、褪色泛白的藏青色中山装里的老大爷，站在敬老院大门旁，喜上眉梢，热情洋溢，麻溜地指挥着车队停车。大伙用感谢的笑脸回应他，提高分贝大声地跟他道谢。列队、集合、点名，此次活动的组织者，永嘉义工联合会 QQ 群里被称作"大海"的高个壮汉正在有序、认真地组织着，而后他给每人分发了一件义工专用的红色坎肩，在讲解任务分工后，特别要求大伙将红坎肩穿戴整齐，活动过程中切记轻手轻脚，注意眼前身后，千万不能磕着碰着老人们，同时要拿出全部的爱心全身心地投入到此次活动当中，给老人们过一个温情的母亲节。

在"大海"的特意安排下，我们几个第一次参加义工活动的小伙伴们领受了一项特殊任务——参观了解这所敬老院。占地五亩的三层别墅式裙楼依山坎而建，前后无遮挡，采光通风条件甚佳，除了进出院落的一条平整水泥路外，多余的空地被闲不下的老人们种满了瓜菜，藤蔓爬满竹条架子，生意盎然。起居的每个房间都配有独立卫生间，热水入户，不锈钢扶手被人性化地安装在日常生活中，老人们需要时常起卧或是长距离行走的地方。放映室、棋牌室等休闲娱乐配套设施虽说稍显简单，但细心之处也不乏周全，院里还聘请了四、五位阿姨，负责轮流照顾饮食。听值班阿姨介绍，这所拥有 74 张床位的敬老院承担着附近四乡一镇五保户集中供养的责任，辖区内符合条件的孤寡老人只要将低保转入敬老院统一支取体系，就可以在此安度晚年。从三楼转回二楼，目光被三三两两相互搀扶着不约而同聚在放映室的老人们所吸引，闽敏和另一位义工一边给老人们派发节日礼物，一边送上"永嘉话"的祝福,两个苹果、两块香皂、一盒蚊香及香烟,有的老人紧紧地拽着礼物,有的老人迫不及待地打开礼品袋想一探究竟,还不时同邻座的室友聊着天,过节的灿烂笑容让原本就"所剩无几"的门牙更加没有了"遮掩"。一位自办私人诊所的义工为一位腰肌损伤严重的老人调节好热磁理疗仪,安顿妥当后,接着为其他老人进行简单的身体检查。

　　下至一楼,Z字形的露天回廊里,几位永嘉本地的义工正用家乡话陪着几位老人拉起家常。左手边的厨房里,一组负责洗菜择菜,一组负责搭桌摆盘,分装凉菜。"地上太滑了,大家走路要格外留心",一位看着只有二十出头,面容清秀,穿着体面的小姑娘一边提醒着,一边拿起拖把利索地拖起来来;"这些是做给老人们吃的,菜一定要洗干净",已被污水溅湿半身,正杀着鱼的粗壮汉子不时地叮嘱着;"老人们的牙口都松了,萝卜丝和芹菜要尽量切细点"星级酒店正宗大厨出身的"大海"翻腾着大铁锅里正炸着的鱼饼,还不忘指导旁边几位的案板活,相互间提醒、叮嘱着,会干的带着不会干的,眼中有活,分工协作,心中有爱,热火朝天……油花四溅,菜香撩人,清蒸黄鱼、蒜蓉九节虾、蛋黄兔包围八宝鸭、永嘉鱼饼、鱼丸清汤、芹菜炒鱿鱼。四道凉菜、五道热菜、一味汤已全部上桌,循着饭点铃声而来的老人们在大伙的搀扶下也纷纷落座,每一桌都有两位义工充当服务生,为空杯斟满饮料,帮空碗夹满菜肴,守着年近古稀、满脸沧桑的老人们缓慢、安详地吃着午饭,几个小时帮厨而积的劳累顷刻间"烟消云散"。

　　几位用过午饭的老人,偷偷地回房换上过年时都不舍得穿的唐装,像孩童般天真地围着照相机镜头,摆出几乎千篇一律的立正姿势,要求留影照相。在取景器里,看得出他们面对镜头时的几分激动和不自然,但按下快门的那一霎间,老人的心一定是心花怒放。饭桌碗筷垃圾都已收拾干净,临走前,一位跛脚的老人提着一壶农家酿酒挡着走廊,疲态的双眼闪着不舍的泪光,"后生们,我们之间都不认识,可你们赚了钱却能想着拿给我们这些老头子花,不应该,也受不起啊。这酒是自家酿的，存了好些年，你们带回去喝，也算是谢谢你们啦！""阿公，这可使不得，酒呢，还是您自个儿留着。后生孝敬老人是理所应当的事儿，只要你们过得好，我们才过得好呢！"你推我让几个回合，在敬老院值班阿姨的再三劝说下，"倔强"的老人才肯收回赠礼，让出走廊。而更多的老人已聚集在大院里，除了"保重、谢谢"之外，没有更多的言语交流，只是一味痴痴地望着大伙"整装"，就似守望自己永远放心不下的孩子一样，透着离别时的凄凉，久久不愿散去。

挥手，告别，珍重安康……

母亲节，陪护一群孤寡老人，享受一场清澈、宁静、踏实的心灵之旅。回程路上，浏览着微信朋友圈里达人们晒出的各式节日祝福，唯有一句话仍在脑海中念念回想——如果孩子似一棵树苗，那母爱就似心甘情愿落地的陈叶，无怨无悔地加速着自己的腐烂，渴望更好地滋养那片培育树苗的土壤。爱的伟大，在于她的无私，如果可以，在享受着自认为是"天经地义"的母爱同时，请一定记得手拉起手，让这份母爱变得宽广，变得毫无保留，驱散角落里的阴霾，温暖心房。

（2014 年 5 月）

母亲！我深爱的母亲！

·梁建华·

母亲！我深爱的母亲！

她是谁？她就是一个实实在在的家，一个可以为儿女挡风遮雨，释放情怀，温暖柔软的家。

一直以来，我总想静下心来写写我的母亲，可每当提笔，千头万绪直涌心头，话题的复杂，使我无法言语对母亲那份无限依恋的爱和深深的愧疚。

我的父亲是一名地质工作者，因工作的特殊性，常年驻守在野外，很少顾家，几乎是母亲一人独自支撑起我们这个单薄的小家。在母亲眼里，小时候的我是一个被贴满了不懂事、调皮捣蛋、不爱读书等"红色标签"的坏孩子，三天两头给母亲惹麻烦，不是今天东家来找母亲告状，就是明天西家领着孩子找母亲讨个说法，长此以往，仿佛偷鸡摸狗、打架斗殴是我与生俱来的天性，而我在被母亲训斥后所流露出的那种干尽蠢事却桀骜不驯、洋洋得意的表情，自然会招来一顿棍棒和细毛竹混合式的教育。肉体的疼痛并没让我屈服，可揍完我之后，母亲独自依在灶台旁默默流泪的景象，至今仍清晰如初地印在我的脑海，叫人后悔不已。

1978年参加工作时，当拎着简单的背囊跨出家门的那一刻，母亲那红肿的眼眶，那千叮咛万嘱咐的唠叨，那千里送儿母担忧的复杂心情，对于似一匹脱缰野马的我来说，心中虽然也闪过一丝留恋，但更多的仍是沉浸在兴奋之中的喜悦。心想，再也不必害怕母亲那恨铁不成钢的

作者简介：梁建华，男，浙江省第十一地质大队职工。

眼神，再也不会受到母亲的管制和约束，再也不用"享受"那细毛竹抽打在身上而留下一条条血红色伤痕所带来的刻骨铭心的疼痛……

母亲！我深爱的母亲！

她帮着我成家立业，看着我喜得千金。而如今，已为人父的我也跨入知命之年，在为自己的小家庭，为自己的女儿奔波劳碌付出辛酸时，才恍然读懂当年母亲那恨铁不成钢的心，才真正理解母亲这一伟大的称呼，可此时的母亲却已到了发秃齿豁的年纪，那张原本就粗糙的脸庞更是爬满皱纹，那双原本就布满老茧的双手愈发干瘪，每每想到这些，我心如刀割。特别是每年探亲回家，母亲总跟守着候鸟归巢似的，独自一人站在房前的台阶旁，默默地等待着我们归来，"怎么现在才到啊，没出什么事吧？累了吧！快进屋洗洗脸，米酒已经给你热上了，泡椒在腌菜缸里，等会给你们拿"……温暖的家里，一大家子围着满是菜肴的方桌，母亲还跟从前一样自己顾不上吃几口，总是不停地给我们夹菜，而我只能强忍着泪水，埋着头拼命地吃，因为我清楚，为了这顿团圆饭，母亲已盼了整整一年；她还跟从前一样不停地唠叨，而我只能故作坚强地不断点头回应，因为我了解，同样的唠叨已经窝在母亲心里很久很久。而这所有的一切，都缘于母亲那份浓浓的、无私的爱。团聚的时间总是那么的短暂，别离时刻的母亲总显得格外沉默，蹒跚着送我们走到路牙前，用隐着泪光满是眷恋和孤独的眼神静静地注视我们远去的背影，我的心颤抖着却又不敢抬头回望母亲，未能尽孝道的悔恨和愧疚越发加深，波澜的内心久久不能平静。

母亲！我深爱的母亲！

八十七岁高龄的她，一生中连自己的名字都不会写，更没有轰轰烈烈的彩色传奇，只是简单地靠给邻舍缝缝补补赚点微薄的收入贴补家用，拉扯着我们兄弟姐妹几人，但她对生活充满热爱，用自己朴实的人生哲理和无私的母爱，教给我们宽厚、善良、以德待人的处世之道。母亲质朴的心和慈祥的爱，至今仍深深地影响着我们，乃至我们的下一代。

这就是我的母亲，我一辈子都深爱着的母亲！

（2014年5月）

父亲的地图

• 董旭明 •

寒风吹拂,腊月霜天。

父亲眼疾手术出院后的第七天,我携妻女回到老家甘肃陇南。

请假时间短,还要到市区向父亲的主治医生咨询病情,计划在家中只能停留两三个小时,剩下的时间则要花在往返的路途上。

这是一座四面环山,容易被人遗忘的村子。由于地处秦岭西北绵延地带,山陡气寒,靠天吃饭。两百多户人家,过着俭朴的耕作日子。

到了家门口,随着孩子的一声喊叫,一只眼仍蒙着纱布的父亲转头便辨出了我们一家,踉跄着要迈下很高的台阶,孩子一个箭步向前扶住了他。看着老人苍老并略显迟钝的神情,虽因兴奋而抽动着眼角,但掩盖不住肌肉的僵硬和面容的苍白,而且,留了多年的白胡须上粘着几缕烟丝,对于一向爱干净的他来说,这番景象是从未有过的,心里不觉一阵酸痛……

先和父亲聊了一会儿身体、家庭情况,然后在他的催促下看望拜访本家老人,最后去给母亲上坟。在给母亲上坟的路上,他坚持要在前头带路,八十五岁高龄的老人,也许是为了消除我的顾虑,故意让步子显得轻快。那可是未加休整的山路啊!他眼睛还没完全康复,但我知道他倔强的脾气,并没有拦他,只是紧跟他有点踉踉跄跄的步伐,始终保持一步之遥的距离,以便在他可能跌倒的时候及时扶住他,庆幸的是他始终没能给我这个机会。

离家前,我执意要多留些家用,他依旧坚持不要,说他不需要钱。

作者简介:董旭明,男,54岁,浙江省第十一地质大队教授级高级工程师。

父子俩正僵持着,这时,乖巧的女儿或许是担心爷爷睡的土炕不够热乎,就去卧房里摸摸被窝的温度。等手从枕头下出来,却攥出一张折叠整齐,快要被翻断的发黄纸张。小心翻开一看,居然是一张手绘的地图。那上面歪七竖八地标着兰州、杭州、温州、深圳、海口等几个地名⋯,我们知道,那是他儿孙们呆着的地方。

父亲不识几个字,深圳的"圳"写成了"训","海"字也难以辨认,那图上的线条恐怕也只有他自己能看懂。但做子女的,心里明白那代表着什么,尤其是纸的颜色和折痕,以及纸角可能是被烟斗烧出的小洞,都述说着这张纸在老人手中来回的次数。

在儿时的记忆里,家里总不见父亲的踪影,不是被这家请就是被那家请,到处去帮忙,修房上梁、播种插秧、牛圈砌墙⋯⋯不一而足,乐此不疲。轮到自个家忙的时候,好不容易盼到他在家,却总有一大帮人围过来,一天到晚和大家一起忙。过年是全家最幸福的时光,一家人终于有几天团聚在一起,要么父亲拉上我去走亲拜年,要么全村人一起逛庙会耍社火等,好不热闹。那时大多数人家让一个小孩上学,我家是所有的孩子都上学,好多人不明白父亲出于什么样的心态,硬是凭一个人的肩膀扛起一家七口人的生活重担。

我备考大学的时候,有一次父亲得了重感冒,赶上农田施肥,我们那儿田垄陡,要靠肩膀背肥料上去。我要自己背,他竭力推搡不让,你来我往,引起一群人好奇,好像我们父子俩在打架。这件事儿等到我考上了重点大学后,便成了一段佳话,也成了村里人教育自家小孩的真实素材。

后来工作了,出于照顾父母亲的初衷,选择了离家最近的地方工作。其实也不过是一厢情愿而已,从来没有一件事是要我回去帮忙和处理的,反而是我有了孩子后,母亲由于身体欠佳,父亲来帮我照看孩子,这一照看就是整整七个年头。正是这黄金七年,让我能安心呆在野外从事地质工作,并且在工作上取得了长足进步,也"修得"了可喜的找矿成果。

是啊!回想起来,父亲总是那么从容和坚强,胸膛像海,脊梁像山。以至于在我们子女的记忆里,他只有承担和付出,没有脆弱与索取。因此,我们也习惯了索取,也习惯了拿"工作忙"当借口,"心安理得"地过着自己的小日子,遗忘了他需要什么,甚或回一趟家给老人以安慰。每次电话,他总是和大多数父母一样,嘴边常说"家里好着呢,我也好着呢,你放心工作不要惦记!"之类的话;每次给家用,他总是不要,说"我有吃有穿,要钱也没有地方花,你们现在正是需要用钱的时候,自个儿留着吧。"

可是今天的情景,让一个经常不回家的游子顿时感到惭愧至极。诚然,老人过生日我从来没有回过,"5·12"汶川地震时塌了房子也没有回,就连半月前父亲做眼睛手术也没有能回去……

一张地图,说明了一切。从来不说一句想念话的父亲原来这么惦念和心事重重,仅仅是老了吗?这时,我从泪眼模糊中看到老人家正在用他粗糙的手掌擦拭着孙女夺眶的泪水,然后习惯性地仰头干笑两声,来掩饰自己起伏的情绪,好像还有坚强的声音在说:这没有什么啊,爷爷好着呢。

不识几个字的父亲是怎么做到这一点的?细问了才知道,自从有了一台电视后,跟着电视节目,父亲找着一个位置就画上一个,好不容易才凑齐这些个地名,而后每天晚上都会对着纸上的地名看天气预报或者新闻。

当我们一家离开时,问他还需要什么?他说:"你既然过意不去,那快过年了,就给家里写一副对联吧!"我知道,父亲培养出了全村恢复高考后第一、第二、第四位大学生,现在,孙子辈们全部上了大学,有些已经工作了,这是他的骄傲,他说有这些骄傲就足够了。也正因此,虽然孩子们都在外地,求人写对联却是一件挺让他难为情的事!于是我怆然写道:

天下父爱切切盼儿常来

人间不孝悠悠看您老去

父不老,子常孝。

梦在做,车已遥……

(2014 年 12 月)

父 亲

· 江 伟 ·

　　昨夜，我做了一个幸福的梦，梦见了父亲，梦中父亲的精神状态很好……父亲走了已经三年多了，走的时候也许依依不舍，也许痛苦不堪，但终究还是走了，而且永远不会再回来了。

　　父亲生于解放前，历经了那个年代的各种苦难。他没文化，无技术，一辈子跟土地打交道，只干得一手好农活。因弟妹众多，他过早地用稚嫩的肩膀和奶奶一道，扛起了照顾整个家庭生活的重担。在物质极度匮乏的年代，也是父亲用勤劳的双手开田拓地，倚仗着土地的回馈养活着一家子。他对土地的爱过于深沉，我每次回家，他都向我表达着对现在年轻人不耕田、不种地的不满和对大量土地荒芜的惋惜和心痛，也恨自己的身体不争气，不然绝对不会让自家的田地也一样荒芜。为此，大哥每次打工回家，也没少受他数落。在父亲的眼里，世上只有两种人："吃国家饭"的人和农民。"吃国家饭"的人，那都是有本事的文化人；农民就是搞农业生产的，必须得种田种地。他觉得年轻人眼前都在外面打工，但终究还是得回农村搞农业生产。

　　由于不识字，哪怕一丁点需要动笔的事情，父亲都得去求人帮忙，而那时农村需要动笔的事情又特别多，这给父亲造成不小的困难和压力，因为经常求人帮忙不是一件简单的事。于是父亲特别尊重和羡慕有文化的人，对他们毕恭毕敬。农忙季节里，在帮助过我们的文化人

作者简介：江伟，男，浙江省第十一地质大队网络工程师、信息系统项目管理师（高级）。

家田地里,父亲也总是不失时机地出现,父亲说欠人人情必须得还,而他能还的也就这点廉价的劳动力。他也幻想着有一天,自家也能出个"有文化"的人,那样就不用每次觍着脸去求人了。和大多数父辈们一样,父亲也很迷信,对占卜、算命先生的话笃信远大于怀疑,对各路神仙、大小菩萨更是虔诚。即使捉襟见肘,但每逢初一、十五还是会买上几刀黄裱纸和些许鞭炮去家附近的社庙供奉,祈求年岁风调雨顺、五谷丰登,许下全家老少平安、六畜兴旺的心愿。为此没少挨母亲的埋怨和唠叨,但他依然我行我素,不改初衷。我听母亲说,我刚出生时,父亲照例拎了一斤冰糖和一瓶散酒去了老先生家里,让老先生给我取了乳名,并从他口中得知将来的我也许会有点"出息"。父亲内心很是高兴,加上后来我的"所作所为"更让父亲确信老先生的话,虽然我也仅仅只是一只井底之蛙。

求学的过程是艰难和曲折的,筹齐学杂费成为比填饱肚子更大的难题,大哥因此早早就辍学了。从小学到初中的几年里,我也因学杂费问题被学校或撵、或劝回家过好几次。也许是太相信老先生的话,也许是吃了太多没有文化的苦,每次父亲都穷尽办法,在他不懈地"努力"下,我又得以走进校园继续学习。现在回想起来,也许得感谢老先生当年或恭喜或奉承的一句话。但我知道,其实父亲心里比谁都敞亮,他穷尽所有的付出和坚持,就是表达对我的爱。在等待返校的日子里,我只能帮父亲放牛,平时假日里多数时间也是在帮父亲放牛,以至于后来的日子里我对牛特有好感。牛是很有灵性的牲口,和它一起久了,感觉它看你的眼神都是温暖的。相对于我对牛的好感,父亲对牛的好都让我心生嫉妒,如果哪天放牛回家早了,牛没吃饱,平时很少骂人的父亲就会骂人。尤其在受冻挨饿的冬天里,父亲给牛吃的都快比我们的伙食好。后来终于知道,那时候在农村,一头健康的耕牛是家庭的主要劳动力,有着不可替代的地位,某些时候牛和孩子比起来,反倒是孩子稍显没那么重要了。我们小时候生病,没有去医院的概念,几乎都是找赤脚医生或者利用一些上辈人传下来的偏方进行医治，治愈率可想而知，因此哪家夭折一个孩子也没见得有多少悲伤或是多大的事，但要是谁家的牛没了，那感觉天都要塌下来了，是件很可怕的事情，相对于买头牛来说，生养一个孩子还是要轻松许多。我理解了父亲对牛的偏爱，而且我们家还是一头会下小牛犊的母牛，家里的田地、我的学杂费……都得靠着它，是真的不能失去它。

父亲一生为人谦卑，老少无欺，做人做事处处担着小心，宁可吃亏，不与人争，是众人眼里不折不扣的"老好人"。但我总认为他的"谦让"是与生俱来的，但是"卑下"却总显得有些无奈。父亲一辈子值得骄傲和自豪的事情不多，算起来也就两件：一是八十年代初，白手起家为我们建造了几间遮风挡雨的房屋，这在当时是很了不起的事情。记得母亲说当年分家的时候，我们一家四口就挤在两间小偏房里，一间厨房加餐厅，一间休息。堂屋算正屋，是和叔叔家共用的，因此也避免不了争吵、磕碰，于是父亲决定建几间新房。父亲白天外出干活，晚上借着星光和月色赶制建房原料，虽然山上的农村不通电，但是夏夜的月光温柔又明亮，给父亲制砖提供了极大的方便。父亲将切割好的稻草段均匀地洒在黄土上，然后用铁锹将稻草段和黄土充分地翻拌均匀、浇上水、赶着牛、伴着月光，不知疲倦地转了一圈又一圈，直至黄泥变得有黏性了，父亲拿茅草将它盖好，然后开始制作砖坯，经过阳光暴晒，干透了，砖也就结实了。父亲就这样凭一己之力，不分日夜、不辞辛劳，终于将建房的主要材料都备齐了，他拿出家里仅有的五十元作为启动资金开始了建房行动。因为父亲良好的人缘和口碑，在村里很多邻居的帮衬下，六间新房终于建成了，我们有新家了，全家人都很高兴，这一年父亲近四十岁。后来父亲就经常跟我说，能够真心帮助你的人，那都是你生命中难得的"贵人"，一定得记住他们，并且要懂得感恩和报恩。父亲所说的那些"贵人"的名字很早就刻在了我的心里，而且时常想起，生怕忘记了，每次遇到他们，我都表现出满满的敬意和深深的感谢，直到现在我还会常常想起他们。另一件让父亲自豪的事情就是信了老先生的话，培养出了他眼里的文化人，实现了他的愿望，这足以让他扬眉吐气,他对文化人的要求实在是太低了。

　　我和父亲见面的机会越来越少,电话逐渐成了我们沟通交流的主要方式。每次通话,父亲的话都不多,我明白并不是他不想多说话或者没话说。在父亲的眼里,通电话是很神奇的一件事,但也是很费钱的一件事,每次只要母亲在电话里家长里短说个没完的时候,父亲就会在旁边不停地提醒可以挂电话了。父亲一天天衰老,身体也每况愈下,听力变得越来越差,后来的通话很难在一个频率上了,基本上都是他讲他的,我讲我的,主要靠一旁的母亲帮忙传递。父亲一生节俭朴素得有些苛刻,但只要是能够给我的,他都会毫无保留,而且不求回报,也从不主动向我提要求,即使当病痛缠身的时候,他也尽量不给我们增加麻烦,每次我稍微为他做点什么,他都很感动,眼神里流露出的全是感恩戴德,这让我心里非常难受。

　　终究还是拗不过病痛的折磨,父亲走了,或许带着遗憾,也许带着满足,这些我都无从知晓了。只愿今夜的梦里依然有您,让我再叫您一声——父亲。

(2019年6月)

扁　担

• 侯传初 •

十月上旬，台风"菲特"肆虐，给浙南大地带来了满目疮痍。灾后，在整理清扫住房之时，我又看见了紧紧依偎在书房角落里的两根毛竹扁担，一长一短。虽然它俩早已退出历史舞台，但身上斑斑伤痕，像是一对饱经沧桑相依为命的老人，用浑浊而又深邃的眼睛，似是诉说着主人往昔生活的艰辛，又若见证了主人今日衣食无忧的安适生活。

扁担，说它简单很简单，横过来它是汉字的"一"，竖起来是小写的"1"，始终如一跟随着主人走南闯北顶天立地。说它复杂挺复杂，它历经了千万年的时光，一头挑着汗水淋漓的喘息和呻吟，一头挂着坚忍不拔的意志；它挑落了数不清的日月星辰，挑平瞭望不断的盘山险道。它既简单得无须解释，又深刻得难以解说。

20世纪50年代，交通落后是当时中国农村社会的一大顽症，也是老家浙南乡村难以改变的现实。当年家乡是盛产土布的地方，家家户户都有纺车和织机。母亲那嗡嗡转动的纺车，把贫穷的岁月唱成剪纸贴在墙上；她那"嗒—嗖—嗒—嗖"有节奏的织布声，编织着农家美好的未来。而父亲把织好的布匹捆绑打包，一头挑着母亲的辛劳，一头挑着对美好生活的期盼，吭哧吭哧地把布匹挑到宜山小镇附近集市去出售，重新换成纺织原料和生活必需品。纵观当时的社会，家家户户的生产、生活都离不开扁担这一最朴实可靠的伙伴。它不仅是乡下人求生存的工具，还担负着很多农家的生活与责任。

作者简介：侯传初，男，76岁，浙江省第十一地质大队原党委书记，高级政工师。

记得每到农忙季节，那时在初中读书的我，总趁着春秋二季农忙假和暑假，帮助家里干农活。春季播种前，田里要打底肥，身单力薄的我挑着半桶的农家肥摇摇晃晃走在狭小弯曲的田埂上，有时一不小心就掉落到水田里，弄得满身泥污和粪便；夏收时，一次次挑着半箩筐的稻谷，汗流浃背地往返在打稻场与晒谷场之间。那时的我十四、五岁，正处在生长拔节的年龄，稚嫩的肩膀经受不了重压，竟然被磨破了皮，渗出了红红的血丝，痛得我只想把扁担扔掉。然而，一想到新学期的学杂费和住校的口粮，还想到为了今后能有机会跳出农门，我只好用旧布条把扁担捆扎上，默默不语地忍受着肩上的伤、心中的痛，咬紧牙关硬顶着。以致我的手现在往肩头一搭，依旧能体会到当时那种钻心的疼痛。

20世纪60年代，我一肩担着保家卫国的赤胆忠心，一肩担着父母和亲朋好友的期盼，把沉甸甸的希望打点进新的背包，朴素无华的军装将年轻的身躯装点成挺拔的胡杨，满怀壮志地走进向往的军营。记得当年部队为改善官兵生活，开展了大生产运动。当时，战友们一镐镐、一锹锹，用辛勤的汗水和血水在山丘上开垦出一畦畦整齐划一的梯田，远远望去像天阶直指苍穹。菜地里主要种植当地最容易成活的空心菜和南瓜。在每天紧张军训之余，尽管很累，我们仍然都会在下午主动抽出一个多小时时间给自己心爱的瓜果浇水施肥。就这样，一根根晃晃悠悠的扁担，一段段被扁担摇落的青春年华，收获了大生产的瓜果满园。

扁担不仅在军队大生产运动中功勋卓著，而且在那个年代还发挥了武器所不能替代的特殊作用。当年我部担负着保卫福建最前线的战备重任，不参加地方的"三支二军"工作。在那特殊时期，以防意外，我们只能把枪支弹药掩埋在大型载重军车底下。然而造反派仍然有预谋有组织地跑到野战部队撒野，名为借枪实为抢枪。当时全连官兵在"骂不还口，打不还手"并再三对其劝说后，他们仍然有恃无恐地爬到车底下挖枪，在万不得已的情况下我们只能进行自卫。此时扁担成了我们最最刚毅的伙伴，有了它，正义战胜了邪恶，忠诚制伏了狡猾。它是战士们自卫的最好工具，它不仅保住了"战士的生命——武器"，还保卫了官兵们的生命安全。如果当时没有它，我们这些农家子弟兵或许就会命丧黄泉。事后，当目睹了那些夭折或遍体鳞伤的扁担时，"男儿有泪不轻弹"的战友们无不潸然泪下。

　　铁打的营盘流水的兵，又是一年枫叶红，军营又奏驼铃曲。永别了！军营，我曾经梦想过的地方。虽然我为您奉献了人生最宝贵的青春年华，但我却无怨无悔，毕竟是完成了一次期待，一个憧憬，一回登高，一种圆满，兑现了一个公民的承诺。在退役前，我用木板简单钉了两只箱子，一只装满文学杂志数理化，一只装着个人行装和破烂。我一头挑着尽了公民义务的心安，一头挑着全家即将团圆的冀望；一步一颠，一步一回头，忘不了首长的爱，舍不得战友的情；一步一荡，一步一前进，期盼着新的征程，企望着新的梦想！

　　20世纪70年代，我开始从事地质野外工作。这个时期由于受到"文革"的影响，交通落后的状况仍未得到改观，扁担仍然是老百姓从事生产生活不可或缺的重要工具。每次到野外进行地质普查或矿产勘查时，凡是去新的矿区或者矿区之间转移，都要一头挑着床架和床板，一头挑着仪器和行李，行走于深山峻岭之中。在野外，不管是酷暑还是寒冬，凡是工地钻机搬迁，装、卸钻塔，我们年轻的地质队员都要参加。几个人一起抬着一台台笨重的钻探设备，喊着"嗨哟，一二！""嗨哟，一二！"的号子声，在崎岖难行的山间小道上一步一移地前行。由于地质人日复一日、年复一年的艰辛付出，终于唤醒了沉睡地下的丰富矿藏，树起了地质系统"三光荣"优良传统的座座丰碑。

　　还记得当年参加夺煤大会战期间，经常从矿区送地质样品到队部实验室化验。夏天，我早早从泰顺陈八岗矿区出发，戴着草帽，穿着工作服和登山鞋，挎着地质包和水壶，远看像讨饭，近看是找矿，独自挑着40斤左右的样品，爬过高差500多米的陡壁山路，跨过百丈漈的滚滚溪流，走过近30里长的深山密林，花了4个多小时才到达文成县黄坦车站。一路上,山间的路不好走,路程又是那么远,见不到村庄也很少遇见行人,感到阴森森的;崎岖的山路,越来越沉的扁担,压得人喘不过气来,这时,头上出汗了,这是压出来的汗,这是有些发虚的汗,汗水顺着脸往下淌,还要随时提防灌木丛中毒蛇的突袭和蚊虫的叮咬;累得走不动时,只能找阳光照到的光光的石头上坐在扁担上歇一歇,喝口水。然后,担着艰难迎着梦想,一步一晃,一步一闪,一步一步往前赶。

如今,随着交通工具、交通运输的现代化,扁担在一天天离我们远去,许多人已渐渐从扁担的重压下解脱出来。而人的意志和精神也似乎随之淡化。在当今社会,面对还未做好准备却骤然富起来的一个群体,面对日益粗俗化的社会,面对日益拉大的贫富差距,面对浮躁、焦虑与攀比的社会现实,当前"土豪"热词的流行,无不是社会心态的折射。也许,这时候更需要我们常常怀想扁担,甚至常常抚摸肩上那早已消退的老茧,保持人格的清醒。

我老了,扁担也老了。在我叹息岁月无情之余,对扁担依旧有着一种深深的眷恋,有着一种割舍不掉的情感。因为,我不愿忘却艰辛的过往,曾经的痛!

深秋了,夜晚冷冷的,当我再次满含深情凝视这对跟随我几十年——饱经风雨、历尽沧桑的"老人"时,瞬间有一股暖流传遍全身。此时,我耳边仿佛响起了气壮山河的江苏民歌《新扁担歌》:

> 扁担那扁担,三尺长那个扁担,
> 一生一世担在肩,一代一代往下传,
> 曾经担过山,曾经担过海,
> 担着命运迎着艰难咧,
> 一步一脚泥,一步一道坎,
> 一步一步往前赶咧,一步一扬往前赶咧……
> ……

(2008年12月)

第五篇
新疆戈壁地质行

2008年7月,地质队员在新疆阿尔金山拍摄的狗熊脚印

▲ 2008年7月,地质队员进入新疆天山

▼ 新疆天山蒙古包

野外身着醒目黄马甲的地质队员

在新疆若羌县卡尔恰尔矿区,地质队员正在野外营地整理技术资料

我与熊的亲密接触

• 于　春 •

谁在野外真正见过熊？当你孤身在野外遇到一只熊该怎么办？大自然神奇无比,也存在着许多不可预知的危险。茫茫的新疆大戈壁里存在着许多野生动物,如成群的野狼和青羊,还有那让人听闻就心惊胆战的熊。

阿尔金山属于昆仑山支脉,海拔 3000～5000 米,山上荒无人烟,只有蓝色的天空、黄色的沙,还有那灰色的小灌木。这里是一片还未开发的处女地,我们很荣幸地踏上了这里。因为我们是为了祖国的找矿事业而来,哪里有矿产,哪里就有我们的身影。

人们总是对未知的事物充满了恐惧,可是好奇却是人的天性。深深的峡谷里,沟深、背风、有水,植被茂盛,当我看到了一排如野人的新鲜脚印时,我兴奋地对队友大喊道:"这里肯定有野人,我们沿着足迹去看看。"其他两人也非常好奇,却不愿意冒风险。他们认为就算野人,我们也不是对手,不能拿自己的生命开玩笑。但是野人脚印的方向正是我们干活的方向,三人最后意见统一,趁时间还早,赶快把活干完,顺便看一看脚印的主人,究竟是什么东西。我们一边干活,一边沿着脚印往前走,并不知这走上的是一条怎样的路,可以说是一条不归之路。在此之前,我们从没有见过这样的脚印,它就如没有穿鞋的小孩在沙地上踩出来的印子,只是前面的五指上存在着五个小孔。那时

作者简介: 于春,男,贵州天柱人,地质工程师,就职于浙江省第十一地质大队,爱好文学。

候,我们没有意识到大自然的残酷,从来没有想过那五个小孔,就是锋利的爪子留下的印迹。

  太阳烘烤着大地,峡谷里却很阴凉,一路走下去,足迹越来越清晰,越来越新鲜,就要见到目标了,我们的心都不由得紧张起来。我冲在最前面,想要快点见到脚印的主人。路越走越远,渐渐超出了我们的控制,时间毕竟不会等人,黑暗的天空下,这里将不再是人类的领地,也许从来都不是人类的领地。山顶的狼声已经开始嚎叫起来,我们知道不能再往前走了,但是我们的目的还没有达到,还没有看看野人长什么样子呢?

  我们三人中的领队说:"不要再向前了,我估计这个东西不是什么好东西,我们去了可能回不来了。"虽然我心中充满了好奇,但是生命比一切都重要,只能停下了脚步。戈壁里天黑后很容易迷失方向,有时你的方向是对的,望山跑死马,可能走一个晚上也走不出来。这里的天气昼夜变化极大,白天可以是三十几度,晚上却可以降到零度以下,而且还有许多野兽等待着晚餐。所以我们必须在规定的时间内赶回营地,不然就会有生命危险。

  我们不敢再停留,压制住心中的好奇,急匆匆地返回了营地。当我们回到营地,我们把照相机上的照片与其他队友观看时,他们都惊呼了起来,这不是一只小熊的脚印吗?你们还敢跟着走,今天你们能回来真是命大福大了。我们都被吓出了一身冷汗,多么可怕啊!都说好奇害死猫,但在这里好奇恐怕能害死我们自己。

  熊的恐惧一直留在了我们的心里,每个人都不敢再去谈论它,因为实在是害怕它突然出现在我们的面前。我们没有再去那片区域,也没有真正在野外见到熊的样子。我们加快速度干完了活,撤离了这里,心里都明白这里根本不是我们的天地,这里是属于动物的王国。

(2018年11月)

赴疆五日行记

·陈　惠·

7月3日：早上7：30分，我们准时从地质科技大厦门口出发，一路行驶基本顺利。13：18分从浙江进入安徽；14：40分跨过长江，从南方进入北方；18：40分进入河南；19：50分左右，我们到达了目的地漯河，下榻于金都大酒店。总行程1250千米左右。

7月4日：7：40分从漯河出发；10：57分过潼关，进入陕西；15：30分出了宝鸡市，接下来将翻越秦岭，这是一段非常险要的山路，道路崎岖蜿蜒，长180千米，而且雨下个不停，不少地方泥泞不堪，一路上车祸不断，这是此次长途跋涉最为难行的路段，车队小心翼翼地缓慢前进；17：05分进入甘肃境内；17：40分因道路前方发生车祸而造成堵路，车队很久动弹不得，我们担心因此要留在路上过夜了，但是在田队的指导下，派出车辆探路，及时掌握路况信息，大家齐心协力排除障碍，于20：30分成功突围，入住天水宾馆，总行程820千米。

7月5日：经过2天的长途奔袭，我们的司机师傅已经开始略显疲劳。但大家一早还是准时起床，于7：30分出发；8：50分高速公路堵塞，改走山路；11时再上高速，为了赶路，大家顾不上吃饭，只啃了几块馍；17：05分驶入去往嘉峪关的高速公路，这段路路况好，风景也美，大家尽饱眼福，心情不觉舒畅起来；19时到达嘉峪关，很多人已经很饿了，所以打算入住嘉峪关，但进入市内后发现7月6日的奥运火炬将

作者简介：陈惠，男，浙江平阳人，浙江省第十一地质大队高级工程师，从事矿政技术服务工作。

在此传递,为了避免到时道路封锁而造成行程拖后,车队经过短暂的讨论统一了思想,临时更改晚上住宿安排,又驱车百多千米,奔赴玉门关。全天总行程1100千米。

7月6日:今天是最艰难和关键的一天。7:30分出发,有一名司机因驾驶证到期不能驾驶,所以后面的路途驾驶员会更加辛苦;10:30分进入新疆,10:40分到达星星峡,开始接受严格的入关检查,每个人都要进行身份证登记,强行休息20分钟;12:50分到13:05分车队停靠在高速路边上休息,不是因为疲劳也不是因为欣赏风景,而是在"凑"时间,当地交警部门规定120千米的路起码要行使110分钟以上;一路上没看到吃饭的地方,14:50分到达哈密市中心才找到吃饭的地方,一阵狼吞虎咽;哈密到鄯善(楼兰国移民聚集地之一)不过300千米,却用了5小:15分钟,一路上到处都是电子查速,而且进入鄯善后竟然有车故意慢速在我们车队前面拖我们,以引我们违规,但是我们及时察觉,没有上当。这一路上遇到的交规可谓匪夷所思,让人哭笑不得,顺利通过后,我们笑言走过"鬼门关"。20:05分在西游宾馆下榻。总行程850千米。

7月7日:出发目的地乌鲁木齐。8:30分出发,9:45分到达火焰山,我们停下车拍了唯一一次集体照;10:17分驶上了最后一段高速公路——土乌高速,12:04分正式进入乌鲁木齐市,总行程300千米。与新疆总部会合,顺利完成此次长途跋涉。

一路行来,虽有风雨险阻,但笑容始终绽放在我们脸上。顺利抵达只是"长征"第一步,尽快开展工作,早出成果才是此行的最终目的,后面的工作一定更加艰辛,但这一路上体现出来的团队精神和团结作战的作风让我们坚信:工作必定成功。因为我们是一支能战胜一切困难的团队,是一群能在中国最恶劣环境下勇往直前的斗士。

(2008年8月)

巴音布鲁克草原

· 王长江 ·

山,草原,连到天边。这里是天山南麓的巴音布鲁克草原,蒙古族、哈萨克族的家园。这片位于海拔 2500 米以上的草原美不胜收,也是闻名中外的"国家级天鹅湖自然保护区"所在地。

这里坦荡如砥,天边似飘着朵朵山峦,地平线和蓝天连成一线。

气温好低,对于我们这些生长在南方的人来说颇不适应。所幸带有羽绒服,出去勘查的时候还算有所准备。和想象中的天山不太一样,这里的山大都是光秃秃的,要不就是成片的草地,草皮厚度估计不到 20 厘米,更别说有多少树木。山头就在前面,慢慢悠悠的小碎步上行,却总需停下来休息好几次,也许是没有三维标志物的原由,也许是海拔比较高的缘故,"望山跑死马"的涵义大概即在于此吧。在山顶,当地人称之为"达坂"的上面,用打火机点烟也开始成为一项凭概率才能完成的任务。

这里雨雪很多,几天就来一次,或是下雨,或是冰雹,或是大雪。有时我不禁想,若是温度高些,这里的降雨量怕是很适合种水稻了。然而极低的气温使这里到处是低矮的草地,过牧现象也是存在的,所以草低矮,也引来鼠害。时而看到鹰隼从头上飞过,它们的种群因为这遍地的食粮膨胀了不少。但是当地的牧民们还是一如既往地扩充着羊群,他们需要生存。

作者简介:王长江,男,湖北阳新人,浙江省第十一地质大队高级工程师,从事地质技术与管理工作。

这里降水不少,雪下了四次,还穿插来了几次冰雹,虽然都不大。在下雨的时候,我常蹲坐在帐篷门口,呆呆地凝视着那顺着风向、近乎水平漂移的雨线,禁不住回想起家乡滴滴答答的雨滴石阶。江南的雨,是凉甜的感觉,连声音都是美妙的音符,是清亮的姿态,而这里的,带来的是阴沉、落寞和孤寂。一旦阴沉下来,就是扯天扯地的昏暗的雨和昏沉沉的草原。虽然如此,但也让我切实感受到了大自然的伟大和人的渺小,也算收获不小。

当然也有例外的时候,因为视野过于开阔,当我们恰好处于降雨云的边缘时就能看到"东边日出西边雨"。明明看到山顶上一朵云像个蒸笼盖遮住了顶,隐隐地扯下雨线,头顶上却是阳光普照。然而再怎样晴朗,也带不来多少温暖的感觉。

帐篷外面有条小河,我们就从那里取生活用水。小河蜿蜒曲折,自天的一边淌向另一边。有时候我真为它的未来担心,如果这里的矿产有一定储量,开矿的人纷纷前来,这条河还会一如既往的清亮吗?但是工业化的世界需要矿产,沉睡千万年的资源正待开发,当地的居民也需要矿藏吸引资本,致富脱贫。

这种想法在我遇见哈利之后达到了顶峰。哈利是一个不错的哈萨克族小伙子,给我们养马,也当翻译。他年龄较小,才刚20岁,比我弟弟都小,却懂得哈萨克语、蒙古语、维吾尔语、汉语,甚至还会一点英语。他上完初中,成绩也不错,很喜欢学习。然而父亲需要他回家牧羊,这是巴音布鲁克牧民千百年来所知道的仅有的几种生活方式之一,哈利顺从了。有时我看到他就会想,若是他一直上学,说不定会考到同一所大学,现在是我们的学弟,将来就是我们的同事。然而我们现在是以另一种方式做朋友,虽然也是很好的朋友。

这里的确是太不一样的地方,甚至连饮食都极富彪悍风格。生洋葱大蒜就着青椒吃,称为"老虎菜"。在南方,抽烟、吃"五荤"后很多人都要刷牙、嚼口香糖。我虽然没有那样遵守规则,却也非常不适应。若是来自瓯越苏杭的女孩子生活在这里,天天被熏,会不会和当地人发展一段罗曼蒂克的故事?

　　一转眼,项目组就要离开了,每年春季,这里都有那达慕大会,我们是赶不上了。但无论如何,这里确是一片迷人的土地,令人向往的地方。

(2008年1月)

戈壁滩上的那抹鲜红

· 陈 斌 ·

从乌鲁木齐到巴音布鲁克,再到巴音塔拉,从格仑唐古什到哈密,再到雅满苏,十多天里,行程数千里,辗转颠簸。一路走过,见识了巴音布鲁克诗画般的草原,领教了巴音塔拉喜怒无常的高原天气,体验了在攀爬格仑唐古什矿区近三十度陡坡后的恶心与晕眩。地质找矿工作的艰辛与汗水,枯燥与乏味,地质工作者的勇敢与智慧,无怨与乐观,在这里不断演绎着,我的心灵被一次次地震撼。脑海中久久挥之不去的,是戈壁滩上的那抹鲜红,雅满苏172高地矿区那面迎风招展的五星红旗和国旗下那群可爱的钻工。

去往雅满苏矿区的道路漫长而崎岖,车窗外不停倒退的盐碱地与因高温引起的湖泊假象打发着单调的行程,小山坡上用石头精心摆铺的"太苦了"三个字,一下子把我从困顿中唤醒,同时也开始意识到离矿区不远了。

过了罗布泊野生骆驼保护区的检查哨卡后约两个多小时,当越野车绕过一个山包后,我望到了飘扬在碎石岗上的这面五星红旗,阳光下,她是那么的平易近人、朴实无华,却有股难以抗拒的魅力在吸引着我。国旗在钻机进场的第三天就升起来了,近九米高的旗杆被钻工们兴奋地竖起,除了精神层面的象征意义之外,更实际的想法是起导航作用,给意外迷路的工人指明营区的方向。

作者简介:陈斌,男,浙江省第十一地质大队,经济师、政工师,研究领域为新媒体融合。

下车后,我连攀带爬上到碎石岗上,仰望红旗兴奋得很,用力地吼了一嗓子,痛快极了。碎石岗下的山沟平地上,军用棉帐篷牢牢地扎着,葛鸿志、姚军安和金宝泷住在左边的帐篷,他们负责前期的地质勘查,右边被黑色遮阳网覆盖的四大一小五顶帐篷,便是地质工程分公司钻工师傅们的家。不远处是一台生活用发电机和六个淡水储水罐,百米开外,用三脚架吊着柴油储油罐。水在这里和油齐价,都是从几十千米外的镇甸上运来,很珍贵,大伙都是掐着指头计算着用。临近中午,近四十度的高温伴着风沙把我赶进了帐篷。几顶帐篷功能区域划分明晰,睡房、厨房、储藏室安排有序。三顶大的帐篷是睡房,床和棉被也都是军用品。每顶帐篷都配有节能照明灯、应急灯、收音机、多功能接线板,甚至还有垃圾桶、晾衣绳和衣架。每张床铺边的帐篷壁上都配有挂钩、安全帽,床底下是统一配发的洗漱用品和拖鞋。供娱乐消遣的有能接收四十多个台的卫星电视、一些闲书和棋具。唯一遗憾的是,为了节约成本,只有中午和晚上才有限供电。公司明文规定,麻将和扑克牌作为违禁物品是限制带入的,原因之一是为了杜绝因赌博而可能产生的矛盾。厨房紧挨在睡房边上,炉灶做了防二氧化碳中毒处理,锅碗瓢盆和各种调味料铺在一张军用床上,饭桌上有遮物罩,甚至还有捕苍蝇用的粘纸。大米、蔬菜和水果放置在比较荫蔽的角落,以木条架高,用来防腐保鲜。另一顶小帐篷是储藏室,钻机的各种易损部件编号入库,整齐码放着。

帐篷外生活用发电机的马达开始轰鸣,钻工们也陆续回营准备吃午饭。来自浙江建德的钻工宁师傅临时兼任厨师,正忙活着。饭桌不大,一桌子家常菜加上一碗辣椒,主食却有米饭、馒头和面条。一帮人紧挨着,气氛融洽,饭香四溢。

雅满苏正午的太阳不仅毒辣而且日照持续时间长,师傅们下午三点才上工,有足够的午休时间恢复体力,同时也给了我一次了解他们的机会,听说当初组队来疆作业,他们个个都是抢着报名,这让我在惊叹之余,油然而生无限的敬意。

钻机长孟金库和班长张兴军都是从武警黄金部队退役的技术兵，北方汉子，大块头，皮肤黝黑带红。老孟风趣幽默，稍微熟悉点就天南地北跟你侃大山。兴军显得十分腼腆，笑容很可爱，唯一的消遣便是下工之后，站在碎石岗上和家人通电话，天天如此。他俩在部队积累了比较丰富的经验，对钻机上的一些"小病痛"能手到病除。

　　关羽和仕重洋都是钻探专业科班出身，二十出头，个子不高，却青春洋溢。关羽是钻机班长，敦厚内向稳重，重洋则外向活泼。闲暇时，他俩和同样二十出头的刘京常常粘在一起，看小说，玩手机、玩掌上游戏，充实得很。

　　七人相处得和睦、融洽，远离家乡，他们既是兄弟，也是亲人。营地被他们打理得像个家，生活虽然单调却有条不紊。从他们眼中，看不到，也感受不到地质工作的艰苦，有的是那份既然来了就要把活干好的坚定与从容，用老孟的话说，起码也要对得起这份工资。而他们唯一的祈望，仅仅是个把月能出趟戈壁滩痛痛快快洗个澡。

　　一群可爱的人，一群朴实的人。

　　入夜，月亮从山坳里慢慢爬了上来。风更大了，刮得帐篷嗖嗖作响，帐篷里他们正欣赏着电视，帐篷外的碎石岗上，五星红旗在月光下依然迎风招展。明天，日子依旧，他们和这面五星红旗，在广阔的戈壁滩上继续坚守着，奋斗着，不抛弃，也不放弃。

（2008年11月）

噶拉科尔的艰辛与美丽

• 迟宝泉 •

从矿区回到乌鲁木齐进行休整,相机因储存卡出了问题拿去修理,照片被一个店员无意中看到了。一声惊叹,引来其他店员围观。一位小伙子被照片中如画的景色所深深吸引,在回过神儿之后,当着店老板的面向我们表示,愿意从此以后跟着我们干,无论到哪里,干什么,只要带上他就行了。我们笑了,当问他知道我们是干什么的时候,他茫然了,但他仍然恳求我们下次出去一定要带上他。我们有些无奈,于是告诉他,我们需要的人要能放马、会做饭,懂民族语言,有适应高原环境的体能并从事繁重的体力劳动。他陷入了沉默。回去的路上,小伙子那张诚恳的脸不时浮现在眼前,我不禁有些暗笑他对我们工作性质的不了解,转念又一想,地质行业不正是有一定的特殊性么,其中的苦乐又岂是外人所能体会得到的。

此次我们作业的矿区是位于西天山的巩留县噶拉科尔,这是一个美丽的地方,雪山、草原、成群的牛羊和纯朴的牧民,组成了一幅田园般的画面。在这片吸引修理店小伙子们目光的土地上,对于我们地质队员来说,欣赏美景是短暂的,更多的是困难摆在眼前。首先就是语言不通与生活习惯的差异。新疆是一个多民族聚居的地区,在矿区作业需要具备与少数民族朋友打交道的经验。我们较快适应了当地的风俗人情,但在饮食方面却一直颇不习惯,比如馕,这是他们日常的主食,对我们来说却难以下咽。

作者简介:迟宝泉,男,黑龙江北安人,浙江省第十一地质大队高级工程师。

矿区的夏天来去匆匆，在春秋的缝隙间一闪而过。高海拔地方的气温比山下要低很多，昼夜温差也大，特别是在没有日光照射的早晚，温度会降至零度左右，于是每日起床后在溪边洗漱之前就是要破除水面的薄冰。当太阳升起，一夜的寒冷立刻被驱赶得一干二净，阳光抚摸在身上令人产生一种安逸感。但是到了中午，阳光暴晒过的皮肤却有被鞭挞的感觉。

今年的天气较往年雨水偏多，在矿区的两个多月时间里，几乎有一半时间在下雨，被迫待在帐篷里面，严重影响野外作业。由于工作量较大，而时间又非常有限，必须把因下雨而耽误的工作在天气转好时补回来。在高海拔的地方爬山要消耗更多的体力，每天上山途中要把体力分配好，特别是海拔 3500 米以上呼吸相对困难，会有喘不上气的感觉。而矿区的矿化蚀变较好的地方多集中在海拔 3500 米以上，每天要消耗大量的体力用于爬山，因而体力严重透支，造成每次下山之后几乎虚脱。矿区的相对高差较大，驻地下雨的话工作区域经常就是雨雪纷飞了。

遇上这样的天气，要对这场雨的持续时间做出准确的判断，因为淋湿的后果不仅仅是冻得浑身发抖，更重要的是衣裤湿透后很难弄干，影响第二天的工作。由于矿区是冰川坡，残积物覆盖较厚，坡度较陡，对探槽工作影响较大，加上堆积松散，容易塌方，对技术人员及时进行编录与采样提出了更高要求，经常打乱我们的工作部署，也花费了更多的时间与体力。

矿区交通不便，从汽车可以到达的地方到驻地一般步行上山需要八个小时，这还是对于体能较好的人而言的，体能差点要用上更多时间。后勤补给自然也就成了棘手的问题，由于民工数量不足，不能及时供给食品，山上的伙食条件相对较差，但大家毫无怨言，共同努力克服困难，仍然坚持工作，并没有因为伙食问题而丝毫影响作业。

除了困难与艰辛，矿区也有难得的美丽景色，更有非地质队员所能感受的经历：骑马在草原上奔驰，在冰雪覆盖的山上艰难前行，在沼泽中数次的化险为夷,见到很好矿化和蚀变的喜悦,吃着山上新鲜的野味,感受高海拔地区所特有的气候,每次体力透支后的一个懒觉……所有这些,都是人生中难得的体验、经历,也是宝贵的财富。每当我们爬山实在没有体力的时候,我就会给自己和兄弟们打气:作为一名地质队员,要牢记使命,在这样艰苦的环境和条件下,我们的努力和付出并不是单纯地为了拿工资和奖金,地质事业是辛苦的,但也是迷人的。作为一名地质队员,没有资格去喊苦、喊累,只有发现矿化的喜悦和在山上苦苦思索而不得解的苦恼。在野外,地质队员很少去走重复的路线,每多前行一步都可能是新的发现、新的希望,我们有什么理由不继续前行呢!

(2008年11月)

那片金黄色的胡杨

· 白更亮 ·

很巧,今年又从南疆塔里木河畔经过,收队回乌鲁木齐,又看见了那片金黄色的胡杨林。记得第一次看见胡杨林时正是去年的这个时候,从阿尔金山野外工作收队回乌鲁木齐时见到的。那金色美得让人震撼,同样的感动又一次袭来,那种震撼在我心里留存了很久很久,至今仍在我心里回荡……

据说"胡杨生而千年不死,死而千年不倒,倒而千年不朽",这是一种多么顽强的生命力,在贫瘠的沙漠里依然活得那么精彩,临近冬天也要把灿烂留给人们,一种多么引人拼搏向上的精神啊!胡杨为了挡住风沙,默默地坚守着赋予他的那份责任,奉献一生。它让我想起了我们地质工作者。

姚工,一位年近五十的高级工程师,默默地在地质事业中奉献了近三十年。他始终坚持在最艰苦的第一线工作,一丝不苟地完成每一项工作,从不计较个人的得与失。正是他细致和认真的工作,才在那片荒芜的土地上发现了一个大型的萤石矿。没去阿尔金山之前听说那里的环境很艰苦,既有强烈的切割,又有昆仑山一样的高海拔,工作难度极大。去年第一次去阿尔金山,真切地感受到那里的苦,而姚工已经在这样恶劣的环境下工作了三年。作为一名年轻的技术员,经历了这些之后,让我对一位老地质工作者的敬重之情油然而生。

张工,一位野外工作经验丰富的老高工。今年五月底我们在西宁特殊钢股份有限公司(简称西宁特钢)的邀请下承接了位于青海省东昆仑山脉东段布尔汉布达山北坡"洪水河铁矿"市场项目。该项目时间紧、任务重、工作量大。矿区为高山侵蚀地形,海拔3800～4300米,区内属高原大陆性气候,干燥寒冷,气候变化大,昼夜温差较大,施工区域地质构造复杂,岩石破碎,施工难度大。刚来到这里时,由于高原反应,大家都很不适应,很多钻工都不得不开始打点滴,有些实在坚持不了就走了,这给我们刚开始的工作就带来了很大的压力。张工不仅要统筹安排好我们的工作,还时常冒着冰雨顶着刺骨的寒风和我们一起编录,并对我们加以指导。有时候为了验证孔深,他经常忙到晚上十一二点才拖着疲惫的身体回到住处,每天晚上还要加班整理当天的资料。在张工的带领下,我们克服了常人难以想象的困难,起早贪黑,加班加点,拼命地往前赶进度。每个月的工作情况,都及时向业主汇报,我们只用最短的时间把第一手资料整理好,把每一步工作做到位,让业主看到每一步工作的进展,争取让业主满意。

随着时间的推移,困难被一一克服,在大家的共同努力下,我们顺利完成了"洪水河铁矿""胜利铁矿"项目。工作成果得到了西宁特钢领导的高度认可和好评,这也为我们今后的合作奠定了良好的基础。

带着收获的喜悦我们收队了,途经塔里木河畔,那片灿烂的金黄色胡杨又映入了我的眼帘。沙漠里正是有了那些胡杨,沙子才不能向前移动,保护了我们的家园,才有了那天地浑然一体金色的壮美;我们的队伍里正是有了姚工、张工这样的老一辈地质人,才有了勃勃生机。

我仿佛看见了在那些老胡杨树的下面,一批小树在成长,一片欣欣向荣。

(2013年3月)

花开不败

· 高润森 ·

这个世界,有很多美丽的风景我们会错过,给自己一个机会,停下脚步,享受一下心中的那片宁静。

——题记

又是一年春夏时,或许是"春风不度玉门关"的缘故吧,已经4月份了,山上的冰雪尚未完全融化,但嫩草已迫不及待地探出脑袋呼吸着春天的气息,一片欣欣向荣的景象。这些景象每天都会带给我好心情,紧张的工作也变得轻松了很多。

经过一段时间的精心准备和几番周折,新疆阿勒泰阿巴宫铁矿补充勘查项目与康布铁堡普查项目的野外工作开始了。为了方便工作,驻地选择了汗德尕特蒙古族自治乡,驻地东侧公路边有一片向日葵地。每次编录钻孔都会透过车窗看到那片绿绿的身影,不时有一些向日葵绽放出鲜艳的花朵,那一抹抹嫩黄犹如小孩一张张欢快灿烂的笑脸,那么可爱而富有生机。每次有意或无意的一瞥,那绽放的花朵映入眼帘时都会带给我愉悦的心情。

按照两个项目的设计,工作内容包括了物探、化探、地质填图、勘探线剖面测量、槽探及钻探。项目技术人员除了三个实习学生(负责采化探样),就只有我和姚工了。面对这种情况,我们都感到分身乏术。每天早早地起床,早饭时讨论好当天任务的实施细节,然后大家各司其职,尽可能高效地完成各自的任务。因为天气炎热,大家午饭后简单的休息,然后继续野外工作。为了把工作尽可能地往前赶,大家常常在太阳下山后才开始拖着疲惫的身躯返回驻地,晚饭过后都会总结当天的工作情况并计划第二天的工作。时间就这么一天天的过去,在这些繁忙的日子里,大家甚至忘记了每天是周几、几月几号,工作也在大家的努力下,不断地稳步向前推进。

也许是工作太忙或是没有在意的原因,蓦然发现路边的向日葵已经全部盛开,形成一片灿烂绚丽的花海。淡淡的花香沁人心扉,令人心旷神怡,同时吸引了周围的蜜蜂和蝴蝶,不时还有叫不上名的鸟叫声,此情此景,再衬上蔚蓝的天空,简直就是一幅美丽的画卷。不知不觉间,疲惫感消失了,少许的浮躁也没有了,心中充满美好的遐想。

忙碌的日子里,感觉时间过得飞快。转眼间到十月了,天气慢慢地由凉变冷,野外的工作也只剩下钻探了。我和姚工穿梭于四台钻机间,每天都是从太阳出来忙到太阳落山,月亮悬空时还要继续整理资料、作图等。气温一天天地下降,由10℃下降到-14℃,终于迎来了今年的第一场雪。为了尽早完成任务,姚工常常需要冒雪进行编录工作。经过大家几个月的艰苦奋战,完成填图12平方千米、剖面测量3.8千米、钻探近2500米以及槽探等,野外工作终于顺利完成。

再次路过那片向日葵地时,已经不见了它们的身影,但是心中始终浮现的仍是那鲜艳、灿烂的"笑脸",一个词语涌上心头:花开不败!我们在艰苦的环境里奋战的每一天,正如那一束束绽放的花朵,也许不是每朵花都美丽得惊天动地,不是每朵花都能结出丰硕的果实,但那些花儿的确真真实实地在心中最柔软的地方绽放过。

我想那些艰苦工作的一幅幅场景会成为青春中永不褪色的记忆,如同那些绚丽的花朵,只要花开,就会不败!岁月支付了谁的青春?我的青春奉献给了这个社会,无怨无悔,虽不伟大,但很踏实。

(2013年5月)

夜 探

· 于 春 ·

新疆阿尔金山平均海拔 4000 米,一座山连着一座山,仿佛永远看不到尽头。这里没有人烟,只有蓝色的天空,白色的雪,灰色的戈壁滩,显得死气沉沉。

一个宁静的八月,一群穿着红色冲锋衣的地质队员的到来,为这片天地增添了一丝生机。地下深处蕴藏着无穷的宝藏,而地质队员正是寻找宝藏的能手,他们手拿地质锤,一锤锤敲过去,敲醒了沉睡在地下的生命,打开宝藏的大门。这群地质队员们年龄不一,年纪最大的是已知天命的领队,年纪最小的是刚大学毕业的新人。他们都有同样的特点,脸被太阳晒得黑黝黝的,看上去比实际年龄老很多,充满了沧桑气息,但是他们的精气神极好,双眼发出耀眼的光芒,似乎要把大地看穿,让地下宝藏无所遁行。他们也曾梦想过高堂广厦、亲人相聚的生活。但是为了给祖国寻找矿产资源,保障工业运行,他们毅然告别了父母,告别妻儿,远离家乡,用双脚丈量阿尔金山的每一寸土地。

当第一缕阳光照射大地,地质队员们已经准备好行囊,一大杯水,一大块面包,还有地质锤、罗盘、放大镜、记录本,背包装得满满当当。一大杯水和一大块面包是地质队员们一整天的补给,山高路远,来回营地不划算。他们顶着毒辣的阳光,找寻着地表的石头,敲开新鲜面,仔细观察,然后记录现象,汗水早湿透了衣服,却一点都没有发觉。他

作者简介:于春,男,贵州天柱人,地质工程师,就职于浙江省第十一地质大队,爱好文学。

们翻过一座座高山,趟过一条条河,给阿尔金山每一个角落打上印记。空寂的戈壁滩,太安静了,地质队员们为了缓和气氛,唱起了各自喜爱的歌曲。虽然他们大多跑了调,更对不上歌词,但是歌声与敲击石头的声音,让这一片天地,变得灵动起来。当太阳落下,他们拖着疲惫的身子回营地,背包依然鼓鼓的,只是里面的面包换成了各种各样的石头。

当夜幕降临,都市里的人们开始了灯红酒绿、醉生梦死的生活,而大山深处的地质队员,准备在夜幕中起舞。他们穿过浓浓的夜色,像黑夜里的精灵,准备进入大山之中寻找钨矿。钨矿用途巨大,照亮了千家万户,保障了火箭升天。原生钨矿看不到也摸不着,只有夜间在紫外线照射下,才绽放出美丽的光彩。

阿尔金山夜晚气温极低,已达到了零度以下,地质队员们穿着厚厚的棉衣,带着厚厚的手套,一个跟着一个安静地朝目的地而去。一束束紫色的光像天外光剑,一路扫射过去,在黑夜里星星闪闪,似萤火虫在跳舞。但是除了几只被惊动的小兔子,什么也没有,紫光过后,还是漆黑的夜,地质队员们显得有些失落。大家一起拿出图纸仔细研究,分析钨矿可能存在的地方,然后换一个地方继续验证。他们一夜之间奔波数十里,却没有人叫苦叫累。当他们看到星光灿烂的光线慢慢地亮起,钨矿在紫光下现出了原形,他们高兴得吹起了口哨,像一群孩子一样大笑大叫,然后赶忙拿出记录本,记录好钨矿位置、形态、品位,把它定在地质图上。当天空发白,地质队员们收起了紫光,却没有感到一丝疲惫,脸上露出了久违的笑容,只因紫光已经立功。地质人员的苦和累,在这一刻得到了完美诠解。

不管在雪原、沙漠、戈壁,哪里需要他们,哪里就有他们的身影,这就是平凡的地质队员。

(2018年12月)

初入新疆

· 侯甫雄 ·

总觉得应该写点关于新疆的东西，可一直不知道从何说起，在入疆的三个多月时间里，自己感受到了许多在口里（新疆人称内地为"口里"）感受不到的东西。

描述这片土地，我总恨不得把笔蘸上颜色，因为新疆之美，最是以色取胜。这里的景色，或是色彩之丰富，或是色度之浓烈，或是色调之厚重，都让人有心跳加快的悸动。譬如说那黄色，不论是沙漠、戈壁，还是诗一般的白桦林和胡杨，黄色竟然可以如此浑厚、柔美、温润，又是那样的张扬。再如那绿色，伊犁的草原可以绿得那样俏然，犹如美丽的姑娘；天山的树林则是如老夫子一般，绿得那般浓郁和肃然；而沙漠的绿洲又是如此淡然，或如沙砾中坚强的绿草，或如葡萄沟中饱和的绿荫，绿竟可以可爱得这么简单。还如天山雪峰圣洁的白或是喀纳斯湖水晶一般的蓝……大自然如同艺术家，在这片土地上率性地涂抹，随地域起伏的曲线上色，于是，这片土地上的风景变得如此丰盈灵动、五彩斑斓。

从地图上看，新疆近乎一半的土地是沙漠。如果说山是脊梁，砾石是骨头，那这大面积的沙漠，便是新疆黄澄澄的肤色。这种黄色的震撼，尤以塔克拉玛干沙漠的印象最为强烈。沙丘虽是一色的金黄，可隆起或凹进的地势，被阳光分割出漂亮的影调，而又因为风的恣意涂抹，使沙丘皱出细腻的纹路。

面对强悍的大自然，我们常常被它的力量和神秘所震撼。然而今天，我们的地质工作者却无心欣赏大自然的鬼斧神工。在他们的眼中，新疆的大地就如一个神秘的聚宝盆，到处埋藏着丰富的矿产。他们带着心中的理想，踏过浑厚起伏的山地、散发清香的天山山脉，感受着老哈萨的质朴和敦厚，在难以忘怀的人生岁月里中，野外勘测是他们心灵中充满快乐和温情脉脉的依恋。

野外勘测，当然艰辛，尤其在新疆这种恶劣的自然条件下，更显得异常的凶险。然而，我们的队员却无比的自豪和快乐，因为他们换一种心态感悟，就能看到天空的辽阔，自然的精工雕琢，加上他们的点缀成果，悠然释怀的恬然幸福自然会涌现在他们的心头，那就会有另一番境界与感叹。

野外勘测，当然劳累，我们的队员却戏称之为健步登山、公费旅游；偶尔还可以掏出带有摄像功能的手机随情抓拍，存录下瞬间的自然秀丽。在明朗的日光下，会使喜爱的花朵更加鲜艳，绿叶更加葱翠，山泉、溪水更加清澈，即能够欣赏到远方的白云青山，脚下的七彩戈壁滩，还有那偶尔掠过眉梢的翩翩鸟影；工作在连绵起伏的雪山之中，让人情思向远、心怀明媚；让困乏的双腿变得灵锐，让沉重的脚步变得矫健；可以伴日出日落、望月圆月缺、赏花开花谢、看草枯草荣、观云卷云舒、察人来人往、游四方山水、丰人生光彩、悟幸福快乐之真谛……

野外勘测，固然很累，却能够领略自然山水之灵秀，抛弃尘世之烦恼，感悟经纬人生之快乐；山川烙下他们走过的足迹，大地种下他们绿色的青春，也长出了他们铭心的故事。

美丽的天山，广阔的巴音布鲁克草原，勤劳的少数民族，香甜的瓜果，还有那古老不朽的胡杨……这一切构成了美丽的新疆，因为有了我们的地质工作者，使得这片金色的土地有了人类的足迹，揭开了神秘的面纱，让我们为我们的地质队员致敬！

（2007年11月）

野外惊魂

· 于 春 ·

一个人独自在荒无人烟的野外,看不见任何人影。这时还有几个人承受得住恐惧呢?还有几个人能靠毅力生存下来呢?

我们一行四人在新疆戈壁滩进行找矿,从早上一直工作到下午,天已经快黑了,并且开始下雨了,才准备往回走。为了尽快回营地,我们把地图拿出来,寻找了一条近一点的路回营地。从一条山沟下到沟底,然后再沿着山底下的大河往上走,就可以到达营地,这样比原路返回至少省了一半的路程。但是,这条路非常难走,山沟弯弯曲曲,极其陡峭;两边均为陡壁,走在其中,仅能看到一抹天光。

我们四人来自四个地方,分别是山西、浙江、贵州、重庆。我是贵州人,从小在山里打滚,对爬山从来不害怕。虽然重庆是山城,重庆人却有些恐高,走到一半路程,一个极高的陡坎,我们三人都下去了,他却不敢往下爬。我们只能同意他原路返回,毕竟我们爬上去难度太大。三人一起继续往下,我自告奋勇地到前面探路,他俩慢慢地跟在后面。当我千辛万苦到达大河边,却发现前面已经没有路了,眼前是一处峭壁悬崖,只有像鸟一样长着翅膀才能飞过去。地形变幻迷惑了我们的视线,我们站在上面,看见河流是干涸的,走近了,才发现河流藏在悬崖下,非人力能渡过。

他们俩人走得比较慢,离我还有一段距离,正位于一个大转弯处,

作者简介:于春,男,贵州天柱人,地质工程师,就职于浙江省第十一地质大队,爱好文学。

被山石挡住了身影。我回头大声对他们喊:"前面没有路,大家往回走。"说完之后,风雨俱来,伴有闪电雷鸣,仿佛有他们的声音传来,但是都被风吹跑了。当我赶回到转弯处时,俩人却不见了。当时我感到特别恐惧,心里在狠狠地咒骂他们,怎么不等等我,就往回走了。峡谷两边的山崖陡峭,怪石林立,翻过山崖的难度太大,所以我一直认定,他们已经往回走了。

黑色的幕布铺在天空,黑沉沉的,闪电的光亮给我照明,也加深了心中的恐惧,闪电之后,总是巨响的雷声。为了掩盖心中的恐惧,我大声地叫喊着他们的名字,不敢再停留,因为从沙地上残留下来青羊的头骨,可以知道这里存在着巨大的危险。

我只能硬着头皮原路返回。回头走的路并不好走,有些地方根本没有可以支撑之处,有几次双手在打颤差点就掉了下来。这时我就给自己鼓气,冷静……冷静……如果要活着走出去只能靠自己,没有人可以帮助你。

我深一脚浅一脚地努力向上,不知在泥里滚了多少次,摔了多少次,心中只有一个信念,就是追上他们。天完全黑透了,我终于回到了营地,却发现只有在原地等我们的驾驶员和原路返回的重庆人。当时,我就蒙了。

上天给我们开了一个玩笑,我与他们擦肩而过了,让我白白地受了那么多的苦难,还差一点没有走出来,也许就在我大声叫他们的时候,他们就在附近,只是声音被风雨声掩盖了。

时间慢慢地过去,一个小时,两个小时,他们还没有走出来,温度已经下降到零摄氏度以下了。我们三人的心都绷得紧紧的,一边向外求救,一边心急如焚地等待。这个时候,只能靠他们自己走出来,因为我们要去找,只会把我们也丢掉。

凌晨了,还是没有他们的身影,我们被吓坏了,只能不停地祈祷,希望漫天神灵开恩,帮帮我们。直到深夜两点之后,山头上才传来了他们的声音,我们的心才真正地放了下来。

后来他们说,他们认为横过去距离更近些,觉得我会看到他们,于是就这样错过了。他们横过去直线距离的确很近,可是新疆戈壁的特点就是看起来不远,走起来累死人,就是人们常说的"望山跑死马"。而且大山切割非常深,纵深三五百米,他们爬上又爬下,最后又累又饿又渴,浑身没有一丝力气,都不想走了。俩人相互鼓气,相互扶持,才坚持了下来。如果他们放弃了,在山上待一晚上,活下去的可能性极小。这里昼夜温差太大,白天三十几摄氏度,到了晚上零下十几摄氏度,没有人能够生存下去。

这次事情后,我再也不敢小看巍巍的大山。小时候,妈妈常与我说"欺山不欺水",现在看来是山也欺不得。

(2018 年 4 月)

惊魂一夜

·朱长进·

我们必须连夜赶到50千米外的左工的营地,请这位地质高工来看看青玉矿验证工作是否到位,下一步该如何抉择。

自6月19日接受赴新疆阿尔金地区验证卡尔恰尔青玉矿的任务以来,我们一行三人这几天连轴转。原以为挖掘机好租,不想合适的还真难找,花了3天多时间,终于在距离矿区最近的青海省花土沟租了一辆。雇请平板车把挖掘机拉到矿区,200多千米运费贵得惊人。没办法,这地方能找到愿去也敢去矿区开平板车的司机真比登天还难。算算在矿区等两三天比来回跑两趟运费划算,我们又花钱央求平板车司机在矿区等候,待完工后再把挖掘机拉回花土沟。开挖掘机的两位师傅吃不消4千多米海拔的无人区的作业环境,两人便轮番干活。两天来大家几乎没吃过几顿热餐,每天只睡三四个小时,就是想抓紧时间干完活。

两天后,坚硬的岩石实在挖不动了,再拖下去必须得补充各种生活物资。挖掘机、平板车一天的花费很大,很多地方已经大大超出预算,我随身携带的现金快花光了,已经到了"弹尽粮绝"的地步,一刻也拖延不得了。白天要施工走不开,我只得选择连夜去找同在阿尔金千里无人区从事地质工作的另一个矿区的左工。

晚上10点,我和司机老康去请左工,另一位同事留在矿区照应着。太阳已经下山了,天空仍然很亮。这里属于阿尔金野生动物保护区,在这儿可以看到成群的野羊和野驴在荒凉的土地上奔跑,很壮美。

作者简介:朱长进,男,浙江省第十一地质大队高级政工师。

因为降水少，这里极其干旱、极其荒凉，放眼望去，满目都是土黄色，没有一棵树木，完全跟外界隔绝。这里几乎没有一块坐下去不是一身灰的地方，连兵团哨所（位于阿尔金外缘，常作为进入矿区的中转站）睡觉的房间里，一走路就会尘土飞扬，盖被子的速度稍微快一些，灰尘便会弥漫整个房间。这里白天异常炎热而夜晚又非常寒冷。水很金贵，从矿区30千米外拉来的两桶生活用水，我们都舍不得用来洗漱。这里极度干燥，我的嘴唇已经起了两个大泡。更可恶的是，由于水质硬，我们几个都腹泻了。

车子前行着，我们抽烟驱散睡意。这是一条异常坎坷的路，要过两个达坂（高高的山口），很难翻越也很危险。路上的尘土之厚我生平从未见过。当车行进与风同向时，扬起的灰尘会把车团团罩住而辨不清方向，只能待风把灰尘缓缓吹散后才能继续行驶。车内灰尘弥漫，我们灰是吃饱了，不停地干咳，幸好阿尔金的灰土是纯天然的，就当是上苍赐予我们的圣土吧。

然而睡意还是不停地袭来，爬过一个达坂后，我却再也没有了睡意——车熄火了！自进入阿尔金后，这辆皮卡车已经在超负荷工作了。我拿起手电，顾不上达坂口的强寒风，帮老康照明检查故障。老康是在新疆本地招聘的有着20多年驾龄、驾驶经验丰富的老司机，他捣鼓了好一阵子，最后顺坡势并让我在后面推——还真发动了！

我们怕再熄火，便加大油门，继续前行。凌晨1点多了，寒意阵阵袭来，想打开空调，吹出的却是厚厚的尘土。就在老康的念叨声中，我知道问题又来了——老康找不到通往左工营地的河坝了。阿尔金这地方，哪里都是路，哪里又都不是路，所以一般会选择被洪水冲刷过的相对平坦的河坝行车。山峰与山峰之间都是河坝，选错河坝就会南辕北辙，而且会有车陷人亡的危险。此时的天空，与白天的灰蒙蒙相比，多了一层藏青色。在藏青色的笼罩下，只看得出山的高矮，看不清山的远近。老康去年来过一回，现在仅有一点模糊的印象，又没有任何参照物，要找到唯一通往左工营地的河坝路绝非易事！

返回去找，没找到；再折回，还是没找到。这时车子油不多了，我们有些着急。第三次返回的时候,我们尽可能地沿山边开,山边车印相对明显。左工矿区每半个月会补给一次,一定会留有车印!我们好不容易才找到有残留车印的河坝,于是选择这条河坝顺着车印往里开。

车印时隐时现,为了省油,我们只能下车打手电徒步寻找。在一处有些细水的地方,怎么也找不到车印了!真是进退两难——退吧,油不够了;进吧,往哪里开?我拿着手电像疯子一样到处找,老康让我不要走得太远,这地方有熊瞎子出没!刚才还冷得厉害,一听到熊瞎子,我只觉得头皮发麻。不远处的岩石在藏青色的映衬下,像极了一头要迎面扑来的熊瞎子。我能感觉到头顶上亮晶晶的星星在调皮地眨着眼睛,嘲笑我们的狼狈。老康不停地问我该怎么办。我是第一次进入阿尔金腹地,什么都不知道,我能怎么办?

但我知道,越是艰难的时候,越要冷静。我同老康分析,既然此处有细水,可能是不久前山洪经过冲走了车印。如果顺着细水方向开,防止车陷,我们应该可以找到左工的营地。就这样,我们凭着感觉开了一段路后,居然又找到了车印!那种激动的心情真是没法形容!

凌晨五点,我们终于找到了左工的营地,左工营地的狗叫声真是世间最亲切的声音!我兴奋地喊着"左工、左工",也不顾打扰了多位同事的美梦。左工应声亮了电灯,看到的是我灰头土脸的样子——刚才在推车时,让我已经变成了"土人"。我紧张的神经此刻顿时放松了下来,感觉冷得厉害,不停地哆嗦。左工看到我在发抖,便拿出皮大衣让我穿上,又赶忙倒了一杯热水。我这几天都没有吃过热乎的东西,热水一下子暖到心窝窝里了!

后来在左工的指导下,我们顺利地完成了此次验证工作。返回兵团哨所时,我有一种重回"人间"的感觉。与前几日迥然不同的是,现在觉得哨所的条件真好——总算可以刷牙了,总算可以洗脸了,总算可以睡床了,总算可以敞开喝水了,总算可以吃口热乎饭了……

(2011 年 7 月)

在巴音塔拉的日子

· 于富国 ·

出　行

和静县的巴音塔拉是我队今年重点开展地质工作的矿区之一。

6月21日一大早,我们一行向矿区进发了。出乌市,越吐鲁番,过托克逊,直抵和静县。再转入山区,沿着218国道蜿蜒而上,过了巴仑台,翻过察哈努达坂,来到巴音布鲁克镇,已经是晚上十点多了。

第二天一早,在镇上采购完物资后,我们继续向矿区进发。夏日的巴音布鲁克草原是美丽的。蓝天、白云、雪山、草原、牛羊,绘制成一幅精美的画卷。巴音布鲁克是蒙古语,巴音是多、丰富的意思,布鲁克是水的意思,合起来就是丰富的水。草地上水太丰富了,对行车并不是好事:车子陷进草地了!同行的几人不得不推车,推一小段路就得停下大口大口喘气,因为此地海拔已经3000米以上了。我们足足花了3个小时才把车弄出来。就这样走走停停,眼看天快黑了,这时风也跟着凑热闹,雨也下起来了,气温一下降下来了。车子逆风而上,离目的地还有大约2千米的路程,车子离合器冒着烟,驾驶员就用水浇在上面进行降温,冷却下来继续往上爬,如此反复,最后实在上不去了,人也疲惫不堪,实在没办法,只好找个有水的平坦的地方宿营。眼前的巴音布鲁克除了她的美丽,还有她的不可捉摸。

作者简介:于富国,男,宁夏中宁人,浙江省第十地质大队测试高级工程师,从事分析检测工作。

生　活

我们驻地的海拔有 3100 米，由于是在高原，紫外线很强，尽管我们做了必要的防护，但几天下来面部还是被灼伤，火辣辣的痛，大家都晒得跟黑炭似的。高原上气候异常，一天可经历四季。一片浮云飘过来，没准就下几滴雨或者是雪甚至是冰雹。大家都穿着厚厚的棉衣，像是在过冬天。到营地的第三天晚上雨雪下个不停，待早上起床一看，山和草原都陷入了一片白茫茫的世界，让人无法想象自己正身处在美丽的巴音布鲁克草原。

营地旁边有条小河，山上的积雪融化汇聚而成，水量不大，但河水很湍急也很清澈。尽管现在已经是 6 月底了，但清晨时分的河水仍是结冰的，冰冷刺骨，洗漱只能兑些热水。衣服是很少洗的，不是因为大家懒惰，主要是河水太冰了。真要想洗衣服时，就用大盆盛上水，在太阳底下晒热了再洗。

没有饭桌，大家就自己动手，把石头垒起来，再放上一块床板，桌子就成了。没有凳子，依然向大自然取材。后来人多了吃饭就有点拥挤，大家或坐、或蹲、或站着。吃完饭，自己的碗自己洗，由于河水冰凉，有人发明了个不错的方法：用碗在河里捞些细砂，再挤点洗洁剂，摇一摇，用河水一冲，碗便干干净净了，很快，这个方法得到推广。

买菜要到镇上去，来回有 170 千米的路程，为了节省开支和减少浪费，都买些不易坏的菜，如土豆、包心菜等。每次都做好计划，一个星期出去一次。虽然是常见的蔬菜，厨师小王手艺不错，大家吃起来很可口。

工　作

厨师小王每天很早就起床给大家准备早餐，队员们一边吃饭一边听左工或张工布置当天的工作，准备好中午吃的食物（馒头、矿泉水、榨菜）后，车子把我们送到山脚下，我们再骑马上山。骑马可节省很多时间,但骑马也充满危险,有时会马失前蹄。骑马时间长了,下马后有时两个膝盖都僵硬着,好半天才能缓过来。刚到矿区时,没有马,上山只能步行,很多时间都花在路上。由于海拔高,走一会儿就气喘吁吁。下坡还好,上山的话就非常累人。山脚到矿区有3千米左右的路程,但却要花上2个多小时的时间。

6月份,有些工作面上还覆盖着厚厚的积雪,要想到工作点,就得从积雪上爬过去,否则就要绕很远的路。矿区所在的海拔高度在3200～3900米之间,一部分工作是在山顶与山沟间测剖面,根本没有路,只能在碎石坡上爬,常常是四肢并用。为了安全起见,人员爬坡时不能在一条线上,因为坡上随时会有滚石。

山顶的气候变化无常,刚刚还是晴空万里,一转眼就乌云密布,风雪交加,还夹带有黄豆大小的冰雹。只得找个能避风的地方,躲藏在随身携带的塑料布下面,等待风雨过去。有几次运气不好,刚刚到达山顶,就下起雨来,等雨停了,已经是下午6点了,只得下山。有时趁雨停了的时候赶紧下山,不料中途风雨又突然杀了个回马枪,回到营地,浑身土下都湿透了。天气晴好时,站在山顶,一团团白云驻足山间,或从山腰间轻轻飘过,浓似牛奶薄似纱,站在云巅之山好似腾云驾雾,浓雾沿着山谷翻滚而上,仿佛置身于仙境,大家笑着说:只可惜没有仙女。

做　客

到达矿区没几天,就陆陆续续有蒙古族牧民转场上来,看到营房都很有兴趣,过来看看里面是什么样子。一天傍晚,有一个叫乌兰巴特尔的蒙古小伙来到我们营地告诉我们,自己8月份就要结婚了,邀请我们到他家去做客,准备宰只羊,大家一起热闹一下。拗不过好客的蒙古同胞,拉上哈力(我们雇请的哈萨克族青年)当翻译,我们四位到他家去做客。

主人带我们进入蒙古包,映入眼帘的是正中间的一只炉子,炉子的烟筒直接从蒙古包顶部伸出去。左右两边放着两张床,最里面也放着一张,三张床已经占据了包内一大半的面积。女主人热情地倒上奶茶,端出馕来招待我们。除了哈力,我们是不习惯喝奶茶的,但为了表示感谢,还是硬着头皮喝了一碗。

不一会儿,主人端来一口大锅放入炉上,里面是切好的大块羊肉。再将一些干牛粪倒进炉内,拔弄一下炉膛,不一会儿,火就很旺了。哈力说要待到滚三滚就可以吃肉。此时乌兰巴特尔拿出一瓶白酒,摆上两个酒杯。一定让我们坐在最里面的床上,说这是对贵客的尊敬。倒上酒,开始了他的劝酒,又说又唱的,就这样开始喝起来了。气氛很是热闹。蒙古包内已经开始飘荡着羊肉的味道了。每个人都洗过手之后,主人递上一把小刀,羊肉盛在一个大盘子里端上来,八九只手在盆里一通挑来捡去,各自拿上一块用刀削着吃,所谓佐料就是盛碗汤,里面加点盐。主人一个劲地说:"不要客气,吃……"

一个多月之后,我回到了乌鲁木齐,我很怀念在巴音塔拉矿区的这段日子,很怀念在那发生的一切,还有依旧战斗在那里的兄弟们。矿区的生活是单调和枯燥的,但是有那么多的同事和朋友,大家在一起工作、生活也挺开心,只希望他们早日完成工作,安全归来。

(2010 年 9 月)

图书在版编目(CIP)数据

踏遍雁山瓯水/袁波等编著.—武汉:中国地质大学出版社,2019.12
ISBN 978-7-5625-4696-2

Ⅰ.①踏…
Ⅱ.①袁…
Ⅲ.①地质学-文集
Ⅳ.①P5-53

中国版本图书馆 CIP 数据核字(2019)第 276251 号

踏遍雁山瓯水	袁波 于春 陈斌 等编著
责任编辑:郑济飞 选题策划:张瑞生 谢媛华	责任校对:徐蕾蕾
出版发行:中国地质大学出版社	邮政编码:430074
(武汉市洪山区鲁磨路388号)	
电 话:(027)67883511 传真:67883580	E-mail:cbb@cug.edu.cn
经 销:全国新华书店	http://cugp.cug.edu.cn
开本:787毫米×960毫米 1/16	字数:304千字 印张:15.5
版次:2019年12月第1版	印次:2019年12月第1次印刷
印刷:武汉市籍缘印刷厂	
ISBN 978-7-5625-4696-2	定价:78.00元

如有印装质量问题请与印刷厂联系调换